〈 実例で学ぶ 〉
データ科学推論の基礎

The statistical basis of data science
through the real examples

〈 実例で学ぶ 〉
データ科学推論の基礎

広津千尋
Chihiro Hirotsu

岩波書店

はじめに

　今，統計科学に替わってデータサイエンスという命名が広く定着しつつある．どちらも手元のデータから背後にある真実，あるいは様々に有益な情報を抽出する科学的方法を指している．データサイエンスのほうが広い概念で統計科学のほか，ビッグデータやマシーンラーニングなど計算機科学の諸法をも包含している．本書はその中核をなす統計科学推論の解説であり，データ科学の後ろに推論と付け加えたのは，機械の力よりあくまで人間の知恵を働かせる推論を強調するためである．統計科学は今，実社会で様々に貢献しているのに，どういうわけか一向にそれが世の中で認知される気配がない．むしろビッグデータに馴染みのある人は結構いるのだが，そこには統計的推測は含まれず，基本的な実験計画の概念が欠落しているように思われる．

　統計科学は高邁な真理を追究する純粋数学や物理学と大いに異なり，数理論理の深淵さや美しさは遠く及ばない．むしろ，現実問題を処理するきわめて合理的な技術であるのに，大学ではその基礎である数理的側面しか教えない，あるいは教えられない．教える側に豊富な経験があり，それに現実に処理したいデータを持つ人が出会えばこれほど面白い学問はないのに，学部ではこれがなかなか難しい．

　そこで本書では，統計的推測の豊かな側面を実例をもとに述べることとする．中にはきわめて重要な社会的，科学的決定に関わったデータの解析も含まれている．説明のために用意された例題をすらすらと解くのではなく，本物の問題に挑んで解決していくプロセスを楽しんでもらえれば幸いである．手元にデータを持つ人はもちろん，現在数理統計学を学んでいる人もぜひ傍らに置いて参照して欲しい．

　数学も統計学もゴールに導く道筋は何通りもある．数学の場合，どの道

を経由しても辿り着く真理はただ一つであるが，統計学はゴールが異なり，白黒逆転した結論に至ることがしばしばある．そしてそれは知らず知らずに起こり，またときには意図的に起こされ，社会問題にも発展しかねないのでややこしい．とくに統計解析の結果は数値をもって語られるがゆえにもっともらしく，つい信じてしまうことが多いようである．統計学の使いようによっては，大変な危険に晒されるおそれのあること，また，実際過去にそのようなことがあったことを知ってもらうのも本書の目的の一つである．

　数学者，物理学者，社会学者らによる先駆的統計解析は18世紀からなされているものの，より積極的に目的に沿って効率よくデータを取得する実験計画，および得られたデータから最大限に情報を引き出すための統計解析を柱とする近代統計理論は，1920年代のフィッシャー(英国，1890-1962)まで待たなければならない．フィッシャーは第1章で紹介する実験計画法3原則，フィッシャー情報量，最尤法などで近代統計学の創始者と称される．

　ここでフィッシャーが本来著名な遺伝学者であったこと，および英国ロザムステッド農事試験場の統計主任として日々実際問題と向き合っていたことは注目に値する．すなわち，統計学は今，解析，代数などと並ぶ数学の1分科として教えられているが，本来，実質科学の問題に応える現実的な学問として登場しているのである．それを現実と切り離し，単なる数学理論として教えるのでは何とも無味乾燥なものとなってしまうのは致し方のないことと思われる．本書では始めに統計科学の基礎概念を整理した後，実社会における様々な応用について述べてみたい．

目　次

はじめに

1. 誤差を測る？ ……………………………………… 1

2. 相関を測る ………………………………………… 17

3. 2×2 分割表の活用 ………………………………… 31

4. 検定と信頼区間 …………………………………… 41

5. タミフル投薬と未成年者異常行動の関連 ……… 49

6. ゼロトレランス問題——BSE 余談 ……………… 57

7. 受動喫煙のリスク評価 …………………………… 67

8. 新薬開発のプロセスと統計学 …………………… 75

9. 職業により初診時癌重症度は異なる？ ——— 93

10. コレステロール低下剤 M は有効か？ ——— 101

11. 血圧日内リズムのパターン分類 ——— 111

12. 副作用情報収集と時系列変化点解析 ——— 117

おわりに 123

参考文献 124

索 引 125

1. 誤差を測る？

'誤差を測る？'とは奇妙な題である．というのは誤差とは，たとえば物の重さを量るにあたり，視察や温度・湿度変化などの影響によりどうしても混入する偶然変動であり，本質的に測れない値，また測れないからこそ誤差と思われるからである．

しかしながら，個々の誤差は未知のままその影響は小さくできるし，その影響がどの程度かを推測することはできる．すなわち，誤差は測れないが，その大きさを推し測ることはできるのである．

誤差を小さくする努力はハードとソフト両面からなされる．前者はいうまでもなく計測器の精度を上げるなど，ハードウエアの改良であり，後者は同じ機械を用いたときに，測定計画や得られた測定値の処理の工夫によって誤差の影響を減らす努力である．ここではもちろん後者について話を進める．

繰返し測定のモデルと正規分布

最も簡単な測定のモデルは，真値μ（ミュー，たとえば物の重さ）に誤差eが加わった

$$y = \mu + e$$

がデータとして観測されるとするものである．ここで，ただ1回しか測定しないものとすると，μとeは分離できないので，測定は必ず繰り返

す．そこで n 回独立に測定を行うと，

$$y_i = \mu + e_i, \quad i = 1, \cdots, n \tag{1.1}$$

というモデルが得られる．ここで y_i は観測値，n は観測数であり繰返し数ともいわれる．これは測定によって物体が損なわれることはなく，真値 μ は実験中一定でそれに毎回独立な誤差 e_i が付け加わったデータ y_i が観測されるというモデルである．

さて，このようにしても相変わらず n 個の測定値に対して未知量が $n+1$ 個あるので，μ を正確に知ることはできないように思われる．そこでよく用いられるのが，誤差 e_i が互いに独立に平均 0，分散 σ^2（シグマ二乗）の正規分布 $N(0, \sigma^2)$ に従うという仮定である．するとデータ y_i は平均 μ の正規分布 $N(\mu, \sigma^2)$ に従うことになる．じつは，正規分布の仮定は必ずしも必要のないことを後で述べる．

正規分布は平均と分散で完全に規定され，たとえば，観測値 y_i が平均のまわり $\pm\sigma$ 内に収まる確率は 0.682，$\pm 2\sigma$ 内は 0.955，そして $\pm 3\sigma$ 内は 0.997 である．大雑把にいえば数十個のデータならほぼ $\pm 2\sigma$ 内に収まるのである．学生時代に一風変わった級友をよく，お前は 3σ 外であるとからかったものである．

成績評価で用いられる偏差値は，平均 50，標準偏差 10 の正規分布の母集団の中で自分の位置を教えてくれる．たとえば偏差値 70 ($=50+2\times10$) はちょうど上側 2σ に当たり，自分より上は 2.3% しかいないと知れる．

一方，ある値以上の確率(上側確率)で切りの良い値を幾つか選び，対応する $\mu+K\sigma$ を与える K を示すと**表1**のようになる．この場合の $\mu+K\sigma$ は上側確率点，$\mu-K\sigma$ は下側確率点という．とくに，K は標準正規分布 ($\mu=0$, $\sigma=1$) の上側確率点であり，上側確率 α に対応させて K_α のように書くのが便利である(**図1**)．

図 1 の縦軸は標準正規分布に従う確率変数 u の相対的出現頻度を表す確率密度関数であり，曲線下の面積は全確率 1 に等しい．正規分布の密

表 1　標準正規分布の上側確率点

下側確率 $1-\alpha$	上側確率 α	上側確率点 K_α
0.50	0.50	0.000
0.75	0.25	0.675
0.90	0.10	1.282
0.95	0.05	1.645
0.975	0.025	1.960
0.999	0.001	3.090

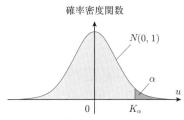

図 1　標準正規分布の上側 α 点

度関数はこのように中央で密度が高く，すぐ減衰して 3σ 外はほとんど 0 になるという特徴がある．より正確にいえば，1000 個のデータにつき $\pm 3\sigma$ 外は 3 個程度しかない．

このように平均から遠く離れた外れ値が出にくいため，おとなしい分布といわれることもある．また，平均 0 に関して左右対称なので，確率点は 0 以上を与えれば十分である．上側確率 0.05 に対応する $K_{0.05}=1.645$，0.025 に対応する $K_{0.025}=1.960$ はよく用いられるので覚えておくとよい．

ただし今は，Casio の Keisan という大変便利なサイトがあり，正規分布や χ^2（カイ二乗）分布などの基本的な分布について，上側確率および確率点を簡単に教えてくれる．そのため不必要にたくさん覚える必要はない．昔は上側確率点は図書室に出向いて分厚い統計数値表を参照し，上側確率については自分でプログラムを書く必要があったので隔世の感があ

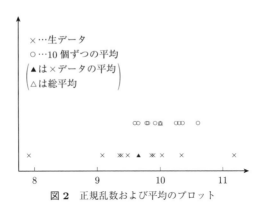

図2 正規乱数および平均のプロット

る.現在は表1もわざわざ与える必要はないのかも知れない.

真値 μ と誤差 e_i を分離するからくり

真値 μ に正規分布 $N(0, \sigma^2)$ に従う誤差 e_i が付け加わったモデル (1.1) からどうして μ が分離できるのだろうか.この説明のために数値実験をしてみよう.いま,$N(10, 1)$ に従う正規乱数を10個発生させ,図2上に×で示す.ただし,正規乱数とは正規分布に従う大きな母集団から無作為に抽出される数のことである.同じような実験をさらに9回繰り返し,今度はその平均だけを同じ図の上に○で示す.その中には,最初の10個の平均(▲)も含めてある.すると同じ10個のデータでありながら,明らかに平均のプロットのほうがばらつきが小さく,かつ横軸10(平均)の近くに集まっている.さらに,これら全体(100個)の平均(総平均)は10.027(△で示した)となり,真の平均10にきわめて近い値になる.これは,独立な n 個のデータの平均 $\bar{y}$ は,平均は μ のまま変わらず,分散が $\dfrac{1}{n}$ の正規分布 $N\left(\mu, \dfrac{\sigma^2}{n}\right)$ に従うからと説明できる.

データの平均と分布の平均

ここで「データの平均」と「分布の平均」で同じ「平均」という言葉が使われ，若干紛らわしい．データの平均は文字通り何個かのデータの算術平均である．一方，分布の平均とはその分布から無限に繰り返しデータを取ったときにその平均が収束する値のことをいい，期待値と呼んで区別することもある．ただし，期待値はより一般にある確率分布に従う確率変数や，その関数を独立に何度も観測したときにその平均が収束する値のことを指す．たとえば，正規分布 $N(\mu, \sigma^2)$ の場合，確率変数 y の期待値は平均 μ であり，$(y-\mu)^2$ の期待値は分散 σ^2 である．つまり期待値はある値というより，数学的な操作を指す．

期待値は当該変数の取り得る各値にその確率を掛けて足し合わせることによって求められ，その具体的な計算例は後の第3章や第8章で示される．分布の平均は分布の代表的な特性値の一つである．なお，データ y の上のバーは算術平均を表す値としてこの分野で決まって使われる記号である．ついでに独立な n 個の和の分布平均および分散は，個々の平均および分散を足し合わせて $n\mu$，および $n\sigma^2$ となることを記憶しておこう．ここで，総和を n で割った平均の期待値が $n\mu/n=\mu$ であるのに対し，分散が σ^2 ではなく σ^2/n となるのは分散が二乗の期待値なので係数が二乗され，$n\sigma^2/n^2 = \sigma^2/n$ となるからである．

さて，図3に示すように，$\bar{y}$ の分布は平均は同じまま，ずっとスリムな分布になる．この例(図2)で○の分布の分散は，×の分布の分散の10分の1なのである．なお，ばらつきの範囲は分散よりその平方根である標準偏差を単位として測られるから，図2において感覚的に×は $10\pm2\times1$ (=2)，○は $10\pm2\times1/\sqrt{10}$ (=0.63) の範囲に収まっている．これで，n を大きくすると平均 $\bar{y}$ がだんだん真値 μ に近づくことが分かった．すでに述べたように，$\bar{y}$ が真値 μ から $\pm3\times\sqrt{\sigma^2/n}$ 以上離れることは 3/1000 の確率でしか生じない．そして n を大きくすれば，$3\times\sigma/\sqrt{n}$ はいくらで

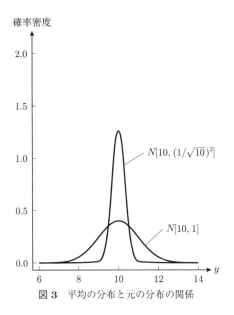

図 3　平均の分布と元の分布の関係

も小さくできるのである．

正規分布の仮定は必要がない

ここで幸いなことに，正規分布の仮定は必ずしも必要がない．すなわち，元の分布が正規分布でなくてもよほど特殊なものでなければ，平均 $\bar{y}$ の分布は正規分布に近づくという大変都合のよい性質があるからである．その際，n を大きくする目安は元の分布があまり裾が長くなく，かつ歪んでいなければ 10 程度でよい．

例として，元の分布が区間 $[0, 10]$ の一様分布（確率密度関数が定数）に従うとき，12 個ずつの平均 100 個からなるヒストグラムを図 4 に示す．これで 12 個平均した結果は，元の一様分布とは似ても似つかない正規分布に近づくことが分かると思う．実際，この方法は一様分布に従う乱数か

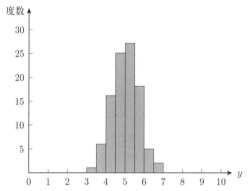

図4 区間 $[0, 10]$ の一様乱数12個の平均100個のヒストグラム

ら正規乱数を生成するのに使われている．

　元の分布のいかんに拘わらず緩い仮定の下で，データの平均がいくらでも真の平均 μ に近づくことは大数の法則，その分布が正規分布に近づくことは中心極限定理として知られる統計学の基本定理である．

　ここまで繰返し測定の恩恵について述べてきたが，それは有名なフィッシャーの実験計画法3原則(Fisher, 1960)のうちの反復に相当する．

フィッシャーの実験計画法3原則

　実験計画法は単一物体の測定よりは複雑な，複数の処理の比較を目的とした効率のよいデータ取得のための方法論である．ここでフィッシャーがまず挙げている原則は反復である．たとえば，二つの処理を比較するのに，それぞれ1回ずつしか実験しないとすると，仮に両者の測定値に差があってもそれが真の差を示唆するのか，単なる偶然変動によるものかは分からない．実験の反復が必要なのは明らかであろう．ここで反復とは，後で述べるように処理の一揃いの実験の繰返しを指すこともあるが，ここではそこまで厳密に考えなくても，誤差の分離と推定効率の向上のために

繰返しが必要と理解しておけばよい．

さて，フィッシャーがとくに強調しているのはランダム化（無作為化）である．フィッシャーはその必要性を説くために紅茶の飲み比べ実験を挙げた．ここで問題はカップに紅茶を先に注いだか，ミルクを先に注いだかは飲めば分かるといった英国夫人の主張の真偽を確かめることである．

そこで 4 杯は紅茶を先に，4 杯はミルクを先に注ぎ全部で 8 杯のミルク紅茶が準備された．しかし，ここで判定に影響を与えそうな避けられない様々な誤差が存在する．そもそも 8 個のカップが完全に同じということはあり得ない．カップによって旨い，不味いがあるかも知れない．また，8 杯の紅茶を抽出すれば最初と最後では強さに差が出るかも知れない．さらに，飲み比べ中に紅茶が冷めてくる影響もあるだろう．したがって，まず紅茶を先に入れた 4 杯，次いでミルクが先の 4 杯を飲み比べた場合公平な比較ができないのは明らかである．

判定に影響を与えるこれら系統的誤差を避ける一つの方法が，実験順序や，カップの割り付け，そして紅茶の作り方のランダム化である．すなわち，決定論的な差を確率的な誤差に転換する．それにより，二つの処理を公平に比べることができる．なお，紅茶とミルクを同時にカップに注ぐのが最適という説もある．時間があれば実験してみたらどうだろう．第 5 章は，ランダムサンプルでないことを見落とした，とんでもない解析失敗の実例である．

農事試験では局所管理も重要である．たとえばじゃがいもの品種改良で 20 通りの品種を 5 回ずつ比較したいとしよう．広い実験農場では場所によって肥沃度に大きな差があり，日当たりも違う．この場合，全部で 100 通りの処理を農場全体に完全ランダムに割り付けるよりは，20 品種を一組にして，その 5 組をランダムに割り付けることが考えられる．もちろん，一組の中の 20 品種は植え付けプロットにランダムに割り付ける．

これにより，無作為化の原則に従いつつ，局所的に均一な場所に割り付けられた一組 20 通りの品種については精度のよい比較ができ，それを総

合して全体の推定精度向上が図られる．これが局所管理であり，この一組の繰返しが反復である．この考えはいろいろな場面で応用できる．

複数の重さを同時に量る

n 個の物体の重さを量るのに，それらをばらばらに量るよりいろいろ組み合わせて量ることによって，推定値の分散を $1/n$ にできるというまさに実験計画法の真髄とも言える方法について述べる．

話をできるだけ簡単にして，二つの物体の重さ μ_1, μ_2 を化学天秤によって量りたいものとする．ここまでの知識から 2 回ずつ合計 4 回の測定をランダム化して行えばよいと思われる．その場合の統計モデルを整理すると，

$$y_1 = \mu_1 + e_1,$$
$$y_2 = \mu_1 + e_2,$$
$$y_3 = \mu_2 + e_3,$$
$$y_4 = \mu_2 + e_4,$$

と表される．μ_1 は y_1 と y_2 の平均，μ_2 は y_3 と y_4 の平均から推定され，それぞれの分散は 1 回の測定に伴う分散を σ^2 とすると $n=2$ の場合だから $\sigma^2/2$ である．

ここまで何の不自然さも感じられないと思うが，じつは量り方の工夫によって，わずか 2 回の実験でそれぞれの推定量を得て，しかも分散を同じく $\sigma^2/2$ とすることができる．それには次のようにすればよい．

$$y_5 = \mu_1 + \mu_2 + e_5,$$
$$y_6 = \mu_1 - \mu_2 + e_6.$$

すなわち，1 回は μ_1 と μ_2 を天秤の同じ側に載せて総重量 y_5 を測定する．

次に，μ_1 と μ_2 をそれぞれ天秤の異なる側に載せて二つの重量の差 y_6 を測定する．この二つの式から次の式を導くのに説明は要らないだろう．

$$(y_5+y_6)/2 = \mu_1+(e_5+e_6)/2,$$
$$(y_5-y_6)/2 = \mu_2+(e_5-e_6)/2.$$

さて，この第1式は2回の測定値の平均で μ_1 が推定できること，その分散は2個の独立な誤差の平均の分散に等しいから $\sigma^2/2$ であることを示している．第2式は2回の測定値の差の1/2で μ_2 が推定できること，その分散は '$+e_6$' と '$-e_6$' の誤差としての性質，期待値0，分散 σ^2，が同じことから，やはり $\sigma^2/2$ であることを示している．つまり，半分の実験で同じ精度が達成できている．

この話は一般化できて，実験回数 n が4の倍数なら，n 個の物体の重さを n 回の実験で同時に σ^2/n の精度で推定する方法が構成でき，直交秤量実験と呼ばれている．n 個それぞれを独立に n 回測定するのに比べれば，実験回数の大幅な節約である．さらに，n 回の実験でこれ以上精度を上げることが不可能であることも証明される．

たとえば $n=4$ では次のような計量をすればよい．

$$\begin{aligned} y_7 &= \mu_1+\mu_2+\mu_3+\mu_4+e_7, \\ y_8 &= \mu_1+\mu_2-\mu_3-\mu_4+e_8, \\ y_9 &= \mu_1-\mu_2+\mu_3-\mu_4+e_9, \\ y_{10} &= \mu_1-\mu_2-\mu_3+\mu_4+e_{10}. \end{aligned} \quad (1.2)$$

y_7 は4個の合計を，y_8, y_9, y_{10} はいろいろな組合せで差を量っている．このとき，μ_1 は4個のデータの平均 $(y_7+y_8+y_9+y_{10})/4$ で推定され，その分散は $\sigma^2/4$ である．4個のデータの合計が μ_1 以外の未知パラメータ μ_2, μ_3, μ_4 を含まないのは明らかだろう．μ_2 は $(y_7+y_8-y_9-y_{10})/4$ で推定され，その分散は $\sigma^2/4$ である．実際，$(y_7+y_8-y_9-y_{10})$ は μ_2 以外

の未知パラメータを含まない．μ_3 と μ_4 についても同じように推定できることはすぐ分かるだろう．

しかしこれでは誤差の評価をしていないと叱られるかも知れない．実際，4個のデータで4種の μ を推定しているので，誤差の推定まで手が回らないのである．そこでたとえば μ_4 の測定を諦めることにして，μ_1，μ_2，μ_3 については元通りの計画で計量すれば，本来 μ_4 の推定量である $E=(y_7-y_8-y_9+y_{10})/4$ が未知パラメータを含まない，いわば0の推定量となって誤差の評価ができる．すなわち，$4E^2$ が σ^2 の不偏推定量となって，誤差分散の推定ができる．ちなみに，誤差は個々を推定するのではなく，ばらつきの大きさ σ^2 が推定できればよいのである．

ここで不偏推定量とは，その期待値が推定の対象であるパラメータに一致する推定量のことをいう．たとえば，繰返し測定のモデルで，$\bar{y}$ は μ の不偏推定量である．ただし，不偏推定量は1個とは限らない．たとえば個々の y_i も μ の不偏推定量である．そこで，不偏推定量の中でできるだけ分散の小さいものが望まれる．繰返し測定のモデル(1.1)で誤差に正規分布を仮定するとき，$\bar{y}$ はじつはあらゆる不偏推定量の中で分散が最小である．

なお，式(1.2)の計画が直交秤量実験と呼ばれる所以は，計量計画を表す μ の係数ベクトル，

y_7 に対する $(1,1,1,1)$，

y_8 に対する $(1,1,-1,-1)$，

y_9 に対する $(1,-1,1,-1)$，

y_{10} に対する $(1,-1,-1,1)$，

が互いに直交することから来ている．平たく言えば，どの二つの組合せで見ても，同じ側（++ または --）で測られた回数と，異なる側（+- または -+）で測られた回数が同数（この例では2）であるという特徴がある．

直交配列実験

　ところで以上の説明では，これは化学天秤による特殊な計量問題と思われるかも知れない．ところがそうではなく，工場において材料，原料，加工添加物の種類とその量，実験装置，温度，湿度など多くの因子について要因効果を同時に推測する直交配列実験は，まさにこのアイディアを用いている．

　ふたたび話を簡単にして二つの因子 A, B の 2 水準 A_1 と A_2，および B_1 と B_2 の比較を考える．たとえば化学反応による生成物収量の改善を目的として，A を 2 種類の触媒，B を温度の 2 水準とし，触媒と温度についてどちらの水準を選択するのが収量率向上に繋がるかを知りたいものとする．別の文字を用意するのも煩雑なので，A_1, A_2, B_1, B_2 をそのまま触媒，および温度の効果の大きさとして A_1-A_2, B_1-B_2 が推定できればよい．

　単純に考えると，温度は適当に固定して A_1 の設定で 2 個のデータ (y_{11} と y_{12})，A_2 の設定で 2 個のデータ (y_{13} と y_{14}) を取れば，A_1-A_2 は $(y_{11}+y_{12})/2-(y_{13}+y_{14})/2$ で推定でき，その分散は $\sigma^2/2$ と $\sigma^2/2$ の和から σ^2 である．B についても同じように考えると都合 8 回の実験で A_1-A_2 と B_1-B_2 が推定でき，推定量の分散はそれぞれ σ^2 である．しかし，一度に 1 個の因子しか取り上げないこのような 'one at a time experiment' は非効率的であること，また因子間の相互作用が推定できないことからあまり勧められない．

　そこで，二つの因子を同時に取り上げ，A_1+B_1, A_1+B_2, A_2+B_1, A_2+B_2 に対し，それぞれデータ $y_{1,1}$, $y_{1,2}$, $y_{2,1}$, $y_{2,2}$ が得られたとしよう．この場合の統計モデルは式(1.3)のように表される．ただし，二つの添え字はその実験で設定した二つの因子 A と B の水準を表している．

$$y_{1,1} = A_1 + B_1 + e_{11},$$
$$y_{1,2} = A_1 + B_2 + e_{12},$$
$$y_{2,1} = A_2 + B_1 + e_{21},$$
$$y_{2,2} = A_2 + B_2 + e_{22}.$$
(1.3)

式(1.3)の計画では先ほどの 4 個の計量計画の μ_2 の係数 $\pm$ に応じて A_1, A_2 が選ばれ，μ_3 の係数 $\pm$ に応じて B_1, B_2 が選ばれていることに注意する．実際は $\pm$ に水準 1，2 を対応させるのもランダムに行う．

さて，今度も $(y_{1,1}+y_{1,2})/2-(y_{2,1}+y_{2,2})/2$ によって B_1, B_2 の効果が消去され，先と同じように A_1-A_2 が推定でき，これは先ほどの推定式と同じ構造だからその分散は σ^2 である．B_1-B_2 も $(y_{1,1}+y_{2,1})/2-(y_{1,2}+y_{2,2})/2$ から同じように推定できる．つまり，半分の数の実験で A, B の効果が前と同じ精度で推定できている．

ただし，式(1.3)のモデルでは A と B をどのように組み合わせて実験しても A と B の効果が変わらないという，いわゆる効果の加法性を仮定している．組合せによって効果が増強したり，減殺したりする相互作用は統計学では交互作用と呼ばれ，その効果を推測するにも組合せ実験は必須である．たとえば触媒によって最適温度が異なると加法性は成り立たない．なぜなら触媒 A_1 には温度 B_2 が，触媒 A_2 には温度 B_1 が適しているとすると，A_1 は B_2 で効果が増強され，A_2 は B_1 で効果が増強される結果，式(1.3)のような加法モデルが成立せず，交互作用項を加える必要があるからである．

ちなみに，式(1.3)で，$y_{1,1}-y_{1,2}-y_{2,1}+y_{2,2}$ を構成すると A_1, A_2, B_1, B_2 の効果が消去され，加法モデルからの 'ずれ' である交互作用を推定する統計量となる．すなわち当然ながら，組合せ実験を行っていれば交互作用の大きさを推定できるのである．もし交互作用が存在しなければ，この式は期待値が 0 なので，誤差の推定に充てることができる．

交互作用

　交互作用の分かりやすい例として，インターネット上でデザインを比較するいわゆる A/B テストを考えよう．これにはいろいろなバージョンがあるようだが，ここでは訪問者をデザイン候補であるサイトに無作為に割り振り，そのパフォーマンス（たとえば関心の有無）を比較する方式を取り上げる．

　今，形状について○と□，色について赤と黒の候補があるとしよう．形状や色は実験計画で言う要因（因子）に相当し，それぞれが2水準因子の場合である．ネット上では比較したい要素の変更は一度に1箇所にすべきとのコメントが見られるが，それは正しくない．それは，もし，○なら赤，□なら黒が良いというような相互作用がある場合に，誤った結論に導きかねない．たとえば赤色は個性が強く，○だと高パフォーマンスを示すが，□とは甚だ相性が悪いとしよう．一方，黒色は個性が弱く□が良いといっても，中の上程度のパフォーマンスとしよう．このとき，'one at a time experiment' で色を先に選ぶとして，運悪く形状は□に設定していたとすると，まず黒色が選択されてしまう．そこで黒色に決めた後，形状の選択を行う 'one at a time experiment' では□が選択され，最適な赤と○の組合せは試されないまま終わってしまう．

　この組合せ効果（相互作用）がまさに交互作用であり，'one at a time experiment' に替えて，4通りの組合せを同時に比較する必要がある．ただし，4通りの組合せをただ比べるのは不十分で，最初に交互作用存在の有無を検証すべきである．交互作用の有無は重要な情報であり，もし交互作用の存在が確認されたなら，どの組合せが最適かを議論する．交互作用が存在しないと考えられたなら，形状と色は別々に議論できるので使えるデータが倍増する．

　この例のように複数の因子についてそれぞれ複数の候補がある場合には，全部の組合せをただ平坦に比べるのではなく，まず交互作用の構造を

明らかにするアプローチが求められる．ここで因子がたくさんあると，全部が 2 水準としても組合せの数は膨大になる．たとえば，因子が 5 通りなら組合せの数は $2\times2\times2\times2\times2=32$ 通り，10 通りならそれは 1024 通りにもなり，データを整理するだけでも大変である．このようなときに，直交秤量実験の考え方は 2 因子に留まらず多因子実験にそのまま応用でき，それが工業の現場で多用されている直交配列実験に他ならない．それはたとえば 10 ないし 20 個の因子を同時に取り上げ，その実験における水準組合せを工夫することにより 32 回程度の実験ですべての要因効果を，必要な交互作用や誤差分散も含めて推定してしまうという手品のようなことを可能にする．

'one at a time experiment' を何度も繰り返すのでは膨大な実験回数が必要だし，そもそも交互作用をチェックできない．何の工夫もしなければ 1 年を要する実験が 1 箇月も要しないで達成できることすらある．このように少ない実験回数で精度が上げられる利点は，コストと時間の節約に留まらない．何日，あるいは何箇月もかかる実験が短期間で終了するということは，実験の管理や，様々な外的条件の安定性に繋がり，その意味でも精度が向上する．戦後，安かろう，悪かろうといわれた日本の工業製品の品質を急速に世界最高水準に押し上げた日本の統計的品質管理は有名であるが，日本の工場が他国よりこの手品に長けていたからと考えるのはとても楽しい．なお，複雑な代数理論抜きに，直交配列実験を手軽な道具とした田口玄一の直交表と線点図がこのことに大きく貢献している．

最後に，1 個の因子の a 通りの水準を比べる完全無作為化実験は 1 元配置，2 個の因子のそれぞれ a,b 通りの水準組合せを比べる完全無作為化実験は 2 元配置と呼ばれる．2 元配置では因子間交互作用の推測が重要関心事である．さらにその先いくらでも多元配置実験を考えることはできるが，それは実験回数の観点から現実的でない．また 2 因子交互作用の先に高次の多因子交互作用も定義はできるが，それらの効果は一般に小さく，現実的解釈も難しい．むしろ，多因子交互作用を誤差項に充てる考え

方により，大幅に実験回数を減らすのが田口の直交表による部分実施実験の考え方であり，現実的かつ有効な方法を与える．

1，2元配置，直交配列実験正規分布モデルなどの解析を総称して分散分析と呼んでいる．なお，交互作用解析の例は第10章，11章で述べる．A/Bテストも，いくらデータが手軽に取れるとは言え，比べたいサイトの構造が因子の組合せ形式である場合には，'one at a time experiment'に替えて，直交配列実験の応用が強く勧められる．

2. 相関を測る

　統計科学の基礎である推定・検定を単に数学として教え，学ぶことの空しさについては既に述べた．とくに学生は手元にデータを持たず，データ解析を焦眉の急として迫られているわけではないので，ことさらその感が強い．そんな中で分割表は身近に面白い例がたくさんあり，統計解析を学び，また実際に自分で試してみる格好の題材である．分割表の具体的な例は後の章にもたびたび登場する．

代数と解析の相関

　もう大分前になるが，東大工学部計数工学科で代数の講義を担当していた頃，卒業論文の審査会で解析担当の先生と隣り合わせ，いったい科目の間に，あるいは一般科目と卒論の間に成績の相関があるものだろうかという話になった．そこでとりあえず両科目で合格した42人について，二人の付けた期末試験における「代数」と「解析」の成績を付き合わせてみたのが**表2**である．

　もし，代数のよくできる学生は一般に解析もよくできるという正の相関があれば，一方で優の学生は他方でも優，可の学生は他方でも可ということが頻繁に起こる．その結果，表2では対角要素の人数が大きくなり，対角から遠い要素の人数は少ないという現象が起きるだろう．ところが実際は予想に反して，代数で優を取った9人の解析の成績分布と，良を取った18人のそれとは完全に比例し，可を取った15人の成績について

表 2 成績データに対する独立性の仮定の下での最尤推定量

代 数	解 析			
	優	良	可	計
優	4	2	3	9
良	8	4	6	18
可	6	3	6	15
計	18	9	15	42

もほぼ同様の傾向が見られる．つまり，期待した正の相関はありそうにない．

　この例では，この結論は一見自明に見えるが，データを一見しただけではそれほど自明でない場合もあるだろう．では，このようなデータに基づいて代数と解析の関連について客観的な判断を下すにはどうすればよいだろうか．

　ところで，寺田寅彦の随筆に数学と語学の相関について論じたものがある(寺田寅彦全集 第五巻所収「数学と語学」)．そこでは，数学と語学の入学試験の点数を (X, Y) 平面にそのままプロットし，それがばらつきながらも概ね $X=Y$ という直線に沿って密度高く分布することから相関を感じ取る．そして，それが偶然ではなく，数学と語学の論理的共通性に基づくと推論することの合理性を論じることになる．

　このような相関性に関する興味は誰もが持っているものと思う．代数と解析については同じ数学だから，数理的，論理的思考に優れる者がどちらの成績もよく，相関がありそうだと普通は考える．しかし，代数は離散的，解析は連続的であることを考えると，同じ数学といえども思考回路は相当異なるとも考えられる．ただ1回の期末試験で早急に結論付けられることではないが，この結果はその可能性を示唆している．数学と語学は一見何の関係もなさそうに見えながら，実は共通性がありそうだし，代数と解析は逆に関係がありそうに見えて，実は無相関性が示唆されるという

表3 成績データの生起回数(左)と生起確率(右)

代数	解析 優	解析 良	解析 可	計	解析 優	解析 良	解析 可	計
優	y_{11}	y_{12}	y_{13}	$y_{1\cdot}=9$	p_{11}	p_{12}	p_{13}	$p_{1\cdot}$
良	y_{21}	y_{22}	y_{23}	$y_{2\cdot}=18$	p_{21}	p_{22}	p_{23}	$p_{2\cdot}$
可	y_{31}	y_{32}	y_{33}	$y_{3\cdot}=15$	p_{31}	p_{32}	p_{33}	$p_{3\cdot}$
計	$y_{\cdot 1}=18$	$y_{\cdot 2}=9$	$y_{\cdot 3}=15$	$y_{\cdot\cdot}=42$	$p_{\cdot 1}$	$p_{\cdot 2}$	$p_{\cdot 3}$	$p_{\cdot\cdot}=1$

面白い結果になっている.

2次元分割表

表2のように,ある集団に属する個体を2種類の属性に従って分類したデータを2次元分割表という.もし表2でさらに幾何の成績も分かっていれば3次元分割表が得られるが,ここでは2次元で話を進める.なお,3次元分割表は第7章に登場し,よく誤解析の原因となるシンプソンのパラドックスが紹介される.

期末試験を繰り返せば表2の数値は$n=42$を除いて変動する.したがって表2のデータは,ある確率法則に従って分布する9次元(9項目)データの実現値の一組と考えられる.そこで9個のセルに属する人数を考え,それが具体的に$y_{11}, y_{12}, y_{13}, \cdots, y_{33}$という数値を取る確率を考える.これは$y_1, y_2, \cdots, y_9$のように1次元の添え字で書いてもよいのだが,実際は9個の羅列ではなく,代数の優,良,可,解析の優,良,可に対応させて,(優,優)はy_{11},(優,良)はy_{12}のように表すのが結局は便利なのである(表3左).

これは将棋の盤面で,たとえば王様の位置を2三玉などと指差しするのと同じことである.表2では$y_{11}=4, y_{12}=2, \cdots, y_{33}=6$である.なお,二つの添え字の間にカンマを入れてもよいのだが,煩雑なのでここでは

省略する.

表3で $y_{\cdot 1}$ のように,添え字をドット $(\cdot)$ で置き換えているのは,その添え字に関する和を表す記法として平均を表すバーとともにこの分野でよく用いられる.たとえば,

$$y_{i\cdot}\ (=y_{i1}+y_{i2}+y_{i3})\text{ は第 }i\text{ 行の和},$$
$$y_{\cdot j}\ (=y_{1j}+y_{2j}+y_{3j})\text{ は第 }j\text{ 列の和},$$

そして

$$y_{\cdot\cdot}\ (=y_{1\cdot}+y_{2\cdot}+y_{3\cdot}=y_{\cdot 1}+y_{\cdot 2}+y_{\cdot 3})$$

は総和である.ここで,行は横の一並び,列は縦の一並びを指す.よく教室の一番前の列と呼び掛けるのを聞くが,数学的には一番前の行,あるいは左から2番目の列などというのが正しい.

表3で i 行, j 列の組合せを今後 (i,j) セルと呼ぶことにする.これで (i,j) セルの生起回数は y_{ij} であるというような簡単な表現が可能になった.これに対応して9個のセルの生起確率は $p_{11}, p_{12}, p_{13}, \cdots, p_{33}$ と表す(表3右).ただし,確率の総計は1なので

$$p_{11}+p_{12}+p_{13}+\cdots+p_{33}=p_{\cdot\cdot}=1$$

が成り立つから,実質的な未知パラメータ数は8個である.すなわち8個の値が決まれば残りの1個は自動的に定まる.

我々はデータ $y_{11}, y_{12}, \cdots, y_{33}$ を与えられて,そのもとにある確率 $p_{11}, p_{12}, \cdots, p_{33}$ に関する何らかの推論がしたいのである.その際,データと推論の対象である未知パラメータを結び付けるのが確率分布である.ここで (i,j) セルは独立に y_{ij} 回生起しているのだから, p_{ij} を y_{ij} 回掛け合わせてセルの確率 $p_{ij}^{y_{ij}}$ が得られる.そこで全体の確率はこれをすべてのセルについて掛け合わせて $p_{11}^{y_{11}} \times p_{12}^{y_{12}} \times p_{13}^{y_{13}} \times \cdots \times p_{33}^{y_{33}}$ となると思われる.ところが,この確率は特定の y_{ij} 人が成績 (i,j) を取る確率だから, n 人の

中のどの y_{ij} 人がそのセルに入るかという場合の数を掛ける必要があり，確率分布は最終的に次のようになる．

$$\Pr\{y_{11}, y_{12}, y_{13}, \cdots, y_{33}\} = \frac{n!}{y_{11}! \times y_{12}! \times y_{13}! \times \cdots \times y_{33}!} \times p_{11}^{y_{11}} \times p_{12}^{y_{12}} \times p_{13}^{y_{13}} \times \cdots \times p_{33}^{y_{33}} \quad (2.1)$$

この分布は多項分布と呼ばれ，場合の数については第3章で言及する．なお，Pr は Probability から来ている．$n!$ は n 階乗と読み，$n \times (n-1) \times \cdots \times 2 \times 1$ のことである．たとえば，$4! = 4 \times 3 \times 2 \times 1 = 24$ である．なお，計算の途中で $0!$ が現れることもあるが，それは1と定義しておけば何の矛盾も生じない．

独立性の帰無仮説

ここで問題は代数と解析の成績の相関の有無を検証することである．そのために式(2.1)を計算する必要はさらさらない．すなわち，それは統計的仮説検定として定式化され，必要な計算ははるかに簡単化される．したがって，この式(2.1)は軽く読み飛ばしても，以降の話にとくに支障はない．

そこで，検証したい簡単な仮説を帰無仮説 H_0 として設定する．H は Hypothesis のイニシャルである．添え字の0は，後でもう一つの仮説 H_1 を登場させるためである．この場合の簡単な仮説とは，行と列を結ぶ特別な関係がないということである．それはたとえば，

$$\text{帰無仮説} \quad H_0 : p_{ij}/p_{i\cdot} = p_{\cdot j} \quad (2.2)$$

のように表される．この式の左辺 $p_{ij}/p_{i\cdot}$ は代数の成績が i であった者のうち，解析の成績が j である者の相対的な割合を表している．代数の成績を i と限定した上で，解析の成績が j である条件付確率といってもよ

い．右辺は i を含まないから，式(2.2)はその相対的な割合が，代数のどの成績についても一定ということを表している．つまり行と列に特別な関係がないことを数式として表現したのが式(2.2)である．最初に見たように表2のデータでは実際にこれに近いことが起こっている．

この表記のために，2重添え字やドットで和を表す表記法はやはり便利である．なぜなら，(i,j) セルを1次元の添え字 k で表そうとすると，

$$k = 3 \times (i-1) + j, \quad i = 1, 2, 3; \quad j = 1, 2, 3$$

というようなかえって複雑な表記になってしまう．ここからは一般の a 行，b 列の分割表を考えることにして，

$$p_{i \cdot} = p_{i1} + p_{i2} + \cdots + p_{ib},$$
$$p_{\cdot j} = p_{1j} + p_{2j} + \cdots + p_{aj}$$

である．ちなみに，

$$p_{\cdot \cdot} = p_{1 \cdot} + p_{2 \cdot} + \cdots + p_{a \cdot} = p_{\cdot 1} + p_{\cdot 2} + \cdots + p_{\cdot b}$$

は全確率だから1である（表3参照）．なお，表2および表3は $a=b=3$ の場合であるが，それから一般化した表をイメージするのは容易だろう．

分割表はいつも3×3とは限らないので，ぜひ一般表記に慣れて欲しい．数学系の特徴でもあるが，具体的に $a=b=3$ に固定するより，一般式で考えるほうがはるかに見通しが良くなるということも確かにあるのである．最近は高校でも線形代数学を2次元ではなく，n 次元で教えるという話も聞いている．なお，一般の場合の1次元表記は

$$k = b \times (i-1) + j, \quad i = 1, \cdots, a; \quad j = 1, \cdots, b$$

ということになり，さらに複雑である．さて，式(2.2)は

$$H_0 : p_{ij} = p_{i\cdot} \times p_{\cdot j} \tag{2.3}$$

と書き直すことができ，この形式は分割表における独立性の帰無仮説と呼ぶのが相応しい．第 i 行の確率 $p_{i\cdot}$ と第 j 列の確率 $p_{\cdot j}$ を掛け合わせると (i, j) が同時に生起する確率 p_{ij} に一致するということは，すなわち行 i と列 j が独立に生起することを意味しているからである．先ほど，'行と列に特別な関係がない' と表現したが，より簡潔に '行と列が独立' というのが数学的にも正しい．

一方，これに対立する複雑な仮説のほうは対立仮説といい，H_1 で表す．H_1 に p_{ij} の特別な構造を仮定することもあるが，ここでは単に独立ではない何らかの関係があることにして

$$\text{対立仮説}\quad H_1 : p_{ij} \neq p_{i\cdot} \times p_{\cdot j}$$

を想定する．

χ^2 適合度検定

さて，帰無仮説 H_0 を対立仮説 H_1 に対して検定するにはいろいろな方法があるが，ここでは χ^2 適合度検定と呼ばれる方法を考える．分割表のセルの確率構造として，あるモデル，この例では独立性，が適合するか否かの検定という意味合いのものである．その検定統計量は，

$$\chi^2 = \frac{(\text{観測値 } y_{ij} - \text{あてはめ値 } \hat{y}_{ij})^2}{\text{あてはめ値 } \hat{y}_{ij}} \text{ のすべてのセルに関する和}$$

で与えられる．ここであてはめ値 $\hat{y}_{ij}$ とは，帰無仮説 H_0 の下でのセル度数の推定値で，通常は最尤推定量が充てられる．

なお，文字の上のハットは，これまたこの分野でよく用いられる推定値を表す記号である．最尤推定量とは確率分布 (2.1) をパラメータの関数と見て，それを最大にするパラメータ値を推定量とするものであり，漸近的

に不偏，最小分散，正規性など優れた統計的性質を持っている．じつは，この開発もフィッシャーの重要な仕事の一つである．今，確率分布(2.1)に H_0 の下での構造 $p_{ij}=p_{i\cdot}\times p_{\cdot j}$ を代入し，それを2種類のパラメータ

$$p_{i\cdot},\quad i=1,\cdots,a \quad \text{と} \quad p_{\cdot j},\quad j=1,\cdots,b,$$

で最大化することになる．一見複雑に見えるが，じつは整理すると最大化すべき式は簡単に，

$$p_{1\cdot}^{y_{1\cdot}}\times p_{2\cdot}^{y_{2\cdot}}\times\cdots\times p_{a\cdot}^{y_{a\cdot}}$$

および

$$p_{\cdot 1}^{y_{\cdot 1}}\times p_{\cdot 2}^{y_{\cdot 2}}\times\cdots\times p_{\cdot b}^{y_{\cdot b}}$$

となる．つまり，$p_{i\cdot}$ と $p_{\cdot j}$ は別々の式に分離され，最大化問題が簡単になる．このうち最初の式を $p_{1\cdot}+p_{2\cdot}+\cdots+p_{a\cdot}=1$ という制約式の下で最大化すると，推定値 $\hat{p}_{i\cdot}=y_{i\cdot}/y_{\cdot\cdot}$ が得られる．これは制約条件下での最大化問題を解くラグランジュ未定係数法の簡単な応用である．同じように後の式から推定値 $\hat{p}_{\cdot j}=y_{\cdot j}/y_{\cdot\cdot}$ が得られる．これらは足すと確かに合計が1になっている．

ここで $y_{i\cdot}$ は表3の行和 (9, 18, 15)，$y_{\cdot j}$ は列和 (18, 9, 15)，そして $y_{\cdot\cdot}$ は総和だから，式(2.1)では n で表した総数42に一致する．たとえば第 i 行の確率の推定値 $\hat{p}_{i\cdot}$ が，第 i 行の合計 $y_{i\cdot}$ を総数 $y_{\cdot\cdot}$ で割って得られるというのはごく自然な推定値として受け容れられるだろう．結局，H_0 の下でのあてはめ値 $\hat{y}_{ij}$ が

$$\begin{aligned}\hat{y}_{ij} &= y_{\cdot\cdot}\times\hat{p}_{ij} = y_{\cdot\cdot}\times\hat{p}_{i\cdot}\times\hat{p}_{\cdot j} \\ &= y_{\cdot\cdot}\times(y_{i\cdot}/y_{\cdot\cdot})\times(y_{\cdot j}/y_{\cdot\cdot}) = y_{i\cdot}\times y_{\cdot j}/y_{\cdot\cdot}\end{aligned} \quad (2.4)$$

のように得られる．この結果から，検定統計量は

$$\chi^2 = \frac{(y_{ij}-y_{i\cdot}\times y_{\cdot j}/y_{\cdot\cdot})^2}{y_{i\cdot}\times y_{\cdot j}/y_{\cdot\cdot}} \text{ のすべてのセルに関する和} \qquad (2.5)$$

となる．つまり，検定に必要な計算は式(2.1)の確率計算ではなく，式(2.5)のχ^2統計量であり，これなら手軽に計算できる．

観測値 y_{ij} はいわばモデルに何の制約も課さない柔軟なモデルでのセル度数の推定値だから，それと簡単な独立モデルの下での推定値 $\hat{y}_{ij}$ が近ければ χ^2 が小さく独立性は否定されず，一方，大きく隔たっていれば χ^2 が大きくなって独立性が疑わしいことを示唆する．ここで，H_0 を簡単，H_1 を柔軟なモデルと言っているのは，H_0 のほうがパラメータ数が少なく，適合性の低いモデルだからである．

適合度 χ^2 の分布

適合度 χ^2 の帰無仮説 H_0 の下での分布は自由度 φ（ファイ）

$$\varphi = (a-1)(b-1)$$

の χ^2 分布である．自由度はよく質問される事項の一つであり，後で述べるようにいろいろな説明が可能であるが，ここではとりあえず χ^2 分布の形状を決めるパラメータと理解しておけばよい．χ^2 分布は互いに独立に標準正規分布に従う変数の二乗和としてよく登場し，自由度 φ で規定される．ちなみに φ は二乗和で足された独立な変数の数として特徴づけられる．

図 5 は χ^2 分布に従う確率変数 χ^2 の相対的出現頻度を表す確率密度関数を表したものである．密度関数の灰色部分の面積は正規分布の場合と同様，全確率 1 に等しい．χ^2 は二乗和なので正値のみを取り，図 5 に示したように密度関数は正方向に歪んでいるが，自由度が大きくなると中心極限定理が働いて徐々に正規分布に近づく．図 5 は自由度 4 の場合を表し，横軸上の $\chi^2_{0.05}(4)$ はその上側の確率の合計（濃灰色部分の面積）が 0.05 と

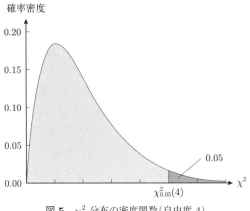

図5 χ^2 分布の密度関数(自由度 4)

なる点であり,この場合は具体的に 9.49 である.

さて,適合度 χ^2 の実現値がこの分布の上側確率 0.05 の点より上の値であれば,仮説が正しければ頻繁には起こらないことが生じているとして,帰無仮説 H_0 を有意水準 0.05 で棄却する.観測値 y_{ij} と H_0 の下での推定値 $\hat{y}_{ij}$ の隔たりが,H_0 を受け容れるには大き過ぎるというわけである.

有意水準とは,この検定方式で帰無仮説が真であるのに,誤って帰無仮説からの乖離が有意であると判断する確率を表している.あるいは,帰無仮説が正しいのに誤って有意差ありと判断する危険率といってもよい.有意水準としては 0.01 を採ることもあり,その点を超えれば高度に有意であるとして H_0 を棄却する.

ここで有意性判定の規準となる 0.05 または 0.01 はフィッシャー以来伝統的に用いられている数値であり,その根拠を厳密に説明するのは難しい.しかし統計的品質管理や,比較臨床試験分野で長年意思決定に用いられ,ある程度のコンセンサスが得られている.また,現場はその意味するところを経験的に感得している.そこで自由度 φ の χ^2 分布の上側確率 α

点を $\chi^2_\alpha(\varphi)$ として一般的に書けば,

$$\text{適合度 } \chi^2 > \chi^2_\alpha(\varphi)$$

が有意水準 α で帰無仮説 H_0 を棄却する棄却域である(図 5 参照).

一方,観測された適合度 χ^2 値より上側の確率を計算して,それが設定した有意水準 0.05(または 0.01)より小さいとき,有意と宣言するのもまったく同じ検定方式を与える.なぜなら,上側の確率が 0.05 より小さいということは χ^2 値が $\chi^2_{0.05}(\varphi)$ より大きいことを意味するからである.

今後,帰無仮説の下で観測された統計値より上側の確率を有意確率,あるいは p 値と呼ぶことにする.p 値が小さいということは帰無仮説の下では生じにくいことが実際に起こっていることを示唆する.幸いなことに Casio の Keisan が上側確率点や p 値を簡単に教えてくれるので,式 (2.5) さえ計算すれば χ^2 適合度検定が実行できる.なお,図 5 の密度関数も Keisan が書いてくれたものである.

それでは,成績データにこの方法を当てはめてみよう.まず,独立性の帰無仮説の下で最尤推定量を計算すると,**表 4** のようになる.たとえば,表 4 の $(1,1)$ 要素は式 (2.4) より

$$\frac{y_{1\cdot} \times y_{\cdot 1}}{y_{\cdot\cdot}} = \frac{9 \times 18}{42} = 3.86$$

のように計算されている.これから χ^2 値が次のように得られる.

$$\chi^2 = \frac{(4-3.86)^2}{3.86} + \frac{(2-1.93)^2}{1.93} + \cdots + \frac{(6-5.36)^2}{5.36} = 0.19.$$

自由度は $(3-1) \times (3-1) = 4$ である.棄却限界値は $\chi^2_{0.05}(4) = 9.49$ なので,χ^2 の実現値 0.19 は有意水準 0.05 で有意ではない.一方,χ^2 の実現値 0.19 の有意確率(p 値)は例の Keisan により,0.996 と得られる.実現値が 0 に近いため,上側確率は 1 に近い値となっている.もちろん,有意水準 0.05 で有意ではなく,独立性の帰無仮説は棄却されない.

表 2 と表 4 を見比べると,表 4 の推定値は表 2 の観測値にきわめて近

表 4　成績データに対する独立性の仮定の下での最尤推定量

代　数	解　析			計
	優	良	可	
優	3.86	1.93	3.21	9.00
良	7.71	3.86	6.43	18.00
可	6.43	3.21	5.36	15.00
計	18.00	9.00	15.00	42.00

く，それがきわめて小さな χ^2 値に反映されている．ただし，検定は本来帰無仮説 H_0 を否定することにより，対立仮説 H_1 を証明するように構成されている．したがって，この有意でない場合の解釈は，'独立性が証明された' ということではなく，'独立性を否定し，相関性を示す積極的な証拠は見られない' ということである．第 8 章で述べる NS 同等(Non-significance Equivalence)は，大事な新薬許認可の審議の場でまさにこの解釈を誤った重大な例である．詳しくは第 4 章の最後と第 8 章の非劣性検証で述べることを参照して欲しい．なお，数理志向の学生たちも，この成績データの解析には大いに興味を持ってくれたようである．

自由度論争

自由度が $\varphi=(a-1)(b-1)$ に決着するまでに，異説 $\varphi=ab-1$ との間で 20 年におよぶ自由度論争があったのは有名である．自由度がそれだけ難解だったということだろうが，その一つの理由は式(2.5)が ab 個の二乗和からなることだろう．自明な制約式 $p_{..}=1$ があることから，$\varphi=ab-1$ という説が有力になったことは窺われる．

まず，最初に制約を設けない状態での未知パラメータ数は，$p_{..}=1$ という条件のために総数 ab から 1 を引いて $ab-1$ である．しかし，帰無仮説 H_0 の下で，未知パラメータ

$$p_{i\cdot}, \quad i=1,\cdots,a \quad と \quad p_{\cdot j}, \quad j=1,\cdots,b,$$

が残っている．これらも先に述べたように足すと 1 という制約を満たすから，実質的な未知パラメータ数はそれぞれ $(a-1)$ および $(b-1)$ である．言い換えると，H_0 の下であてはめ値を求める際に，実質 $a+b-2$ 個のパラメータが推定されている．そこで適合度 χ^2 の正しい自由度は，元のパラメータ数から H_0 で仮定した簡単なモデルのパラメータ数を引いて

$$\varphi = (ab-1)-\{(a-1)+(b-1)\} = ab-a-b+1 = (a-1)(b-1)$$

と得られる．簡単なモデルを仮定する際に消去したパラメータ数が $(a-1)(b-1)$ といってもよい．自由度論争にこの正しい決着を付けたのもじつはフィッシャーである．

このことは，式(2.5)が H_0 の下で漸近的に互いに独立な $(a-1)(b-1)$ 個の標準正規分布に従う変数の二乗和で表されることを意味する．とくに $a=b=2$ の場合は，ただ 1 個の変数で表されるはずであり，第 3 章で詳しく説明する．式(2.5)は単に便利な表現を与えているだけであり，各成分は互いに独立でもなければ，漸近的にも標準正規分布の二乗になっていない．

ところで，独立性の帰無仮説 $H_0:p_{ij}=p_{i\cdot}\times p_{\cdot j}$ のモデルの両辺の対数を取ると

$$\log p_{ij} = \log p_{i\cdot} + \log p_{\cdot j}$$

というモデルが得られる．これは正規分布モデルの場合の加法モデル(1.3)にほかならない．これに対し式(2.3)の右辺は乗法モデルと呼ばれるが，数理的には同等な式である．つまり，ここまで論じてきたのは行と列の関係性であり，分割表の分野では連関分析(Association Analysis)と呼ばれるが，分散分析モデルにおける交互作用解析に相当している．第 9 章ではさらに詳しい連関分析が行われる．

3. 2×2 分割表の活用

分割表は，この後もたびたび登場する．この章では 2×2 分割表について特別簡便な公式を紹介しよう．それは 2×2 分割表の場合に自由度が 1 であることを理解するのに役立つ．また，第 7 章で 3 次元分割表を扱うさいに有用な解析法の基礎を与える．

適合度 χ^2 の変形

2×2 分割表の場合，式(2.5)の χ^2 統計量はセルの数 4 個に対応して 4 項の和になるはずである．ところがその式は，じつに簡単に変形できて次式に一致する．

$$\chi^2 = \frac{y_{..}(y_{11}\times y_{22}-y_{12}\times y_{21})^2}{y_{1.}\times y_{2.}\times y_{.1}\times y_{.2}} \tag{3.1}$$

つまり，ただ 1 項に単純化でき，これはまた，自由度が 4 でもなく，3 でもなく，1 であることの証明にもなっている．この式なら手元の電卓でメモリーを使うことなく，前向きに一息に計算できる．

それでは実際に適用してみよう．**表 5** は慢性蕁麻疹に関する第Ⅲ相比較臨床試験の結果である．この場合，帰無仮説でいう独立とは，被験薬と対照薬の有効性プロファイルが比例的であることを意味する．独立でないとは，どちらかが有効の割合が高いことを意味する．つまり，第 2 章で「代数」の成績ごとに「解析」の成績プロファイルを比較したのとまったく同じことになり，独立性検定はこのように 2 元表にまとめられた有効

表5　慢性蕁麻疹に関する第Ⅲ相比較臨床試験

薬剤	有効性		
	有効	無効	計
被験薬	87	25	112
対照薬	81	40	121
計	168	65	233

性データの比較にそのまま使える．

表5の数値を式(3.1)に当てはめるだけなので，ただちに

$$\chi^2 = \frac{233(87\times40-25\times81)^2}{112\times121\times168\times65} = 3.33$$

が得られる．CasioのKeisanによるとこの有意確率は0.068であり，有意水準0.05で独立性の帰無仮説は棄却されない．つまり，被験薬の対照薬に対する優越性はいえないという結論になる．

しかしながらこの場合，被験薬と対照薬の有効率はそれぞれ0.78および0.67であり，この結論に違和感を覚えるのは筆者だけではないだろう．これについては第8章の非劣性検証で再度言及する．もし，公式(3.1)に疑問を感じる読者がいたら，ぜひ式(2.5)に戻って4項の足し算を実行し，確かめることを勧めたい．まったく同じχ^2値が得られるはずである．

なお，表5の分割表は行，列の連関分析というより，被験薬と対照薬を比べる1因子2水準実験で，たまたま特性値が正規分布ではなく2項分布で与えられたと考えるほうが実際的である．つまり，薬剤の種類と有効性が独立というのではなく，被験薬と対照薬で有効性に差が認められないというほうが自然である．数理的にはどちらの定式化も同じになるが，解釈は現実に即して行うほうがよい．分割表は行および列が何の属性を表すかにより様々な場合があり，それに応じて様々な解釈があり得る．なお，第8章では，この問題を被験薬と対照薬の2項分布比較として定式化し，本章と同じχ^2統計量を導く．2項分布は第2章の多項分布の特別

な場合であり，具体的に第 6 章の式(6.4)で与えられる．

次に第 7 章で用いるための便宜上，もう一つ公式を追加しておこう．それはどれか一つのセル，たとえば y_{11} に注目して帰無仮説 H_0 の下で漸近的に標準正規分布に従う変数を構成する方法である．そのための準備として少し頭の体操をしよう．

N 個から n 個を選ぶ場合の数

壺に 1 から N まで番号のふられたボールが入っている．このボールを取り出して左から順に並べる方法は何通りあるだろうか．たとえば 2 個なら，$(1,2), (2,1)$ の 2 通りである．3 個なら

$$(1,2,3), (1,3,2), (2,1,3), (2,3,1), (3,1,2), (3,2,1) \qquad (3.2)$$

の 6 通りである．しかし，4 個以上では数も増えるし，方針をしっかり立てないと数え落としが出そうである．そこでむしろ，一般的に考えてみよう．まず最初の 1 個は 1 から N のどのボールでもいいから N 通りの選び方がある．2 番目については残り $N-1$ 個のどれでもいいので，選び方は $N-1$ 通りある．このように考えると並べ方は全部で，

$$N \times (N-1) \times (N-2) \times \cdots \times 2 \times 1 = N!$$

通りあることが分かる．3 個の例の場合，まさにこの手順で並べている．

次に全部を並べるのではなく，n 個だけ取り出して並べるとしたらどうだろう．これは先の手順を n 回行ったところで止めればよいのだから，

$$N \times (N-1) \times \cdots \times (N-n+1) = N!/(N-n)! \qquad (3.3)$$

ということになる．たとえば 3 個から 2 個取り出す場合は，

$$(1,2), (1,3), (2,1), (2,3), (3,1), (3,2)$$

の6通りの場合がある．式(3.3)で計算しても，確かに3!/(3−2)!=3!/1!=3×2×1/1=6通りである．

ここからやや核心に近づくが，取り出したボールの並べ替えには意味がないとしよう．たとえば，今まで(1,2)と(2,1)は別物として数えていたが，これは単に1と2という組合せが一つ現れたとしか考えない．たとえば3個の場合も，式(3.2)の6通りを単に(1,2,3)という1組が現れたとしか考えない．するとn個取り出した場合には，$n!$通りの並べ替えに区別がなく1通りと数えられるので，式(3.3)を$n!$で割った

$$\frac{N!}{n!(N-n)!} = \binom{N}{n} \tag{3.4}$$

がN個からn個を選ぶ場合の数である．たとえば，3個から2個選ぶ場合は(1,2), (1,3), (2,3)の3通りがあるが，式(3.4)で計算しても場合の数は確かに

$$\frac{3!}{2!(3-2)!} = \frac{3\times 2\times 1}{(2\times 1)\times 1} = 3$$

である．式(3.4)の右辺は単に左辺の式を表す記号として覚えればよいが，N個のものからn個を選ぶ場合の数で，Nコンビネーションnと読む．すでに第2章の式(2.1)に関連して場合の数という呼称は使っているが，そこで現れた係数はn個を9種類のセルにy_{11}個，y_{12}個，…，y_{33}個ずつ振り分ける際の場合の数である．ここでは取り出すか，残すか2通りの選択がある場合を考えているから，セルの数でいえば2個の場合である．

それを一般の場合に拡張するには次のように考えればよい．たとえば，全部で$y.$個を，y_1, y_2, y_3 ($y_1+y_2+y_3=y.$)個に振り分ける場合を考える．$y.$個からまずy_1個を取り出し，続けて残りy_2+y_3個からy_2個を取り出す場合の数は

$$\binom{y_.}{y_1} \times \binom{y_2+y_3}{y_2} = \frac{y_.!}{y_1! \times (y_2+y_3)!} \times \frac{(y_2+y_3)!}{y_2! \times y_3!} = \frac{y_.!}{y_1! \times y_2! \times y_3!}$$

である．これを続ければ全部で $y_.$ 個を，$y_1, y_2, \cdots, y_k$ 個に振り分ける場合の数は

$$\frac{y_.!}{y_1! \times y_2! \times \cdots \times y_k!}$$

であることが分かる．式(2.1)の係数はまさにこの形式になっている．

分割表の壺モデル

それでは準備ができたので本題に進み，壺から白，黒のボールを取り出す問題を考える．今，壺の中にボールが全部で N 個入っており，そのうち C 個が白，残り $(N-C)$ 個が黒ボールであるとしよう．この壺から無作為に R 個のボールを取り出すとき，R 個の中にちょうど Y 個の白ボールが含まれる確率を求めるのが本題である(**図6**)．これは**表6**のような2元表に整理すると分かりやすい．

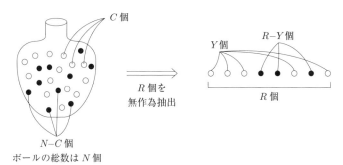

図6 白黒ボール抽出の壺モデル

表6 壺から R 個のボールを無作為に抽出

サンプル	白ボール	黒ボール	計
抽出群	Y	$R-Y$	R
残余群	$C-Y$	$N-R-C+Y$	$N-R$
計	C	$N-C$	N

それでは確率を求めてみよう.まず大きさ N のロットから R 個のボールを抽出する場合の数は式(3.4)により,全部で $\binom{N}{R}$ である.一方,その R 個の中にちょうど Y 個の白ボールと $(R-Y)$ 個の黒ボールが含まれる場合の数は $\binom{C}{Y} \times \binom{N-C}{R-Y}$ である.なぜなら,全部で R 個のうち,Y 個が C 個から選ばれ,残り $(R-Y)$ 個が $(N-C)$ 個から選ばれなければいけないからである.

したがって,R 個の無作為サンプル中に,ちょうど y 個の白ボールが含まれる確率は

$$\Pr\{Y=y\} = \frac{\binom{C}{y} \times \binom{N-C}{R-y}}{\binom{N}{R}}$$

$$= \frac{R! \times (N-R)! \times C! \times (N-C)!}{N! \times y! \times (R-y)! \times (C-y)! \times (N-R-C+y)!} \quad (3.5)$$

となる.y の取り得る範囲は表6のエントリーがすべて0以上という要請から次のように決まる.

$$(0 \text{ と } R+C-N \text{ の大きいほう}) \leq y \leq (R \text{ と } C \text{ の小さいほう})$$

y が R および C 以下の値しか取らないのはすぐ分かるが,$R+C-N$ 以上でなければいけないことは必ずしも自明ではない.

この範囲の y を式(3.5)に代入すれば次々と確率が定まり，その合計は 1 になっている．この確率分布は超幾何分布と呼ばれ，その

$$\text{平均は} \quad \frac{R \times C}{N},$$

$$\text{分散は} \quad \frac{R \times (N-R) \times C \times (N-C)}{N^2 \times (N-1)} \tag{3.6}$$

であることが知られている．

超幾何分布の期待値計算

第 1 章で述べたように期待値は，確率変数の取るそれぞれの値にその確率を掛けて足し合わせることによって求められる．この計算にはコツがあって面白いので以下に示すが，上の結果を信用するのに抵抗のない人は読み飛ばしても一向に差し支えない．

アイディアはまず定義に従って式を書き下した後，もう一度超幾何分布の形を作り出すことである．そうすれば超幾何分布の合計が 1 であることから，見かけによらずあっけなく計算が終了する．

そこで，まず式(3.5)に y を掛けると分母の $y!$ と相殺して $(y-1)!$ が残る．そこで，N，R，C からも 1 を引いた変数を作り，これら 1 を引いた変数を肩に $'$ を付けて表す．すると式(3.5)に y を掛けた式は次のようになる．

$$\begin{aligned} & y \times \frac{R! \times (N-R)! \times C! \times (N-C)!}{N! \times y! \times (R-y)! \times (C-y)! \times (N-R-C+y)!} \\ &= \frac{R'! \times (N'-R')! \times C'! \times (N'-C')!}{N'! \times y'! \times (R'-y')! \times (C'-y')! \times (N'-R'-C'+y')!} \times \frac{R \times C}{N} \end{aligned} \tag{3.7}$$

右辺第 1 項は文字が変わっただけで超幾何分布の形を保っているから，新しい変数 y' について足した結果は 1 である．つまり，平均 $R \times C / N$ が

表7 慢性蕁麻疹に関する第Ⅲ相比較臨床試験

薬剤	有効性		
	有効	無効	計
被験薬	y_{11}	y_{12}	$y_{1\cdot}$
対照薬	y_{21}	y_{22}	$y_{2\cdot}$
計	$y_{\cdot 1}$	$y_{\cdot 2}$	$y_{\cdot\cdot}$

あっけなく計算されている.

なお,$R \times R'!$ が $R!$ に等しく,$(N'-R')!$ が $(N-R)!$ に等しいなどのことは自明であろう.やっているのは文字の置き換えだけで,計算と称するのがおこがましいくらいである.$R \times C/N$ は分割表の記法でいえば,帰無仮説の下でのあてはめ値 $y_{1\cdot} \times y_{\cdot 1}/y_{\cdot\cdot}$ と同じである.

一方,分散は確率変数からその平均を引き,二乗した変数

$$\left(y - \frac{R \times C}{N}\right)^2$$

の期待値であり,σ^2 で表すことが多い.この計算もアイディアは平均と同じなので,興味ある人は試みて欲しい.答は式(3.6)である.分散の平方根 σ は標準偏差と呼ばれ,確率変数が平均のまわりにどのようにばらついているかを表す指標である.標準偏差が小さければ平均のまわりに集中し,大きければ平均から遠くにもまだ変数が分布している.これらのことはすでに第1章で正規分布に関連して述べている.

それでは,表5を一般的な**表7**として,表6に重ねてみよう.壺モデルとの対応は明らかだろう.白ボールが有効例,黒ボールが無効例,そして R が被験薬の総例数 $y_{1\cdot}$ である.

帰無仮説の下では,被験薬と対照薬に差がないのだから,総数 $y_{\cdot\cdot}$ を無作為に $y_{1\cdot}$ および $y_{2\cdot}$ に分配した壺モデルが当てはまる.そこで,被験薬における有効例数 y_{11} は,たった今導いた超幾何分布に従う.一方,対立仮説の下では,被験薬において対照薬に対し相対的に有効例が多かった

り，少なかったりということが起こり，超幾何分布からの乖離が生じる．

そこで実現値 y_{11} の裾確率を超幾何分布で評価して，有意性を判断すればよい．周辺和である投薬総数 $y_{..}$ や，有効例総数 $y_{.1}$ などは，相対的有効性には直接関係しない変数なので定数と考えて扱ってよい．すると y_{12}, y_{21}, y_{22} は表6のようにすべて周辺和と y_{11} で表されるので，本質的に確率変数は1個なのである．言い換えると，4個のセルの出現度数 y_{11}, y_{12}, y_{21}, y_{22} があるものの，周辺和を固定するとそのうち自由に値を取れるものは1個（たとえば y_{11}）だけで他は自動的に値が決まってしまう．適合度 χ^2 の自由度は，χ^2 分布の自由度と同時にこの意味での自由度も表している．

ところで，式(3.5)の超幾何分布の確率計算は階乗計算がすぐ発散して大きな値になるので，けっこう面倒である．そこでよく用いられるのが，平均と分散を使った正規近似である．

超幾何分布の正規近似

超幾何分布としての y_{11} の平均は式(3.7)から

$$\frac{y_{1.} \times y_{.1}}{y_{..}},$$

分散は式(3.6)から

$$\frac{y_{1.} \times y_{2.} \times y_{.1} \times y_{.2}}{y_{..}^2 \times (y_{..}-1)}$$

である．ここで，簡単のため分母は $(y_{..}-1)$ の1を無視して $y_{..}^3$ で置き換えても値はほとんど変わらない．このとき，規準化統計量が

$$u_{11} = \frac{y_{11} - y_{1.} \times y_{.1}/y_{..}}{(y_{1.} \times y_{2.} \times y_{.1} \times y_{.2}/y_{..}^3)^{1/2}} \tag{3.8}$$

のような簡単な形になる．ここで規準化とは確率変数からその期待値を引いて，標準偏差で割る操作をいう．一般的に書けば

$$u = \frac{確率変数-期待値}{標準偏差} = \frac{y-\mu}{\sigma}$$

という操作である．期待値を引いているので，規準化後の期待値は0である．規準化変数は期待値が0なのだから，分散の計算は単に二乗して期待値を取ればよい．すると，分子は分散となり，分母は標準偏差の二乗でやはり分散だから相殺して1となる．つまり規準化後は平均0，分散1の変数ができる．したがって，u_{11}は近似的に標準正規分布$N(0,1)$に従うと仮定できる．

ところが，じつはu_{11}の二乗は式(3.1)の別表現になっている．第2章で述べたように標準正規分布に従う変数の二乗は自由度1のχ^2分布に従う．したがって，2×2分割表の場合ではあるが，これが自由度も含めたχ^2適合度検定分布論の数理的に一番正当な説明になっている．ちなみにu_{11}^2を表5の値を用いて計算してみると

$$u_{11}^2 = \frac{(87-112\times168/233)^2}{112\times121\times168\times65/233^3} = 3.33$$

となって，先の式(3.1)によるχ^2値と一致する．

以上2×2分割表に関する3個の公式(2.5)，(3.1)，(3.8)はどれも同じ結果を与えるので好みで使い分ければよいが，第7章では3次元分割表の解析に最後の公式を利用する．

なお，第2章で述べたように，適合度χ^2を$(a-1)(b-1)$個の互いに独立な自由度1のχ^2成分の和に書き直すことができる．$a=b=2$の場合にそれを具体的に示したのが式(3.1)であり，u_{11}^2である．なお第8章で，2×2分割表のχ^2に関する第4の公式が登場する．

4. 検定と信頼区間

　第1章では式(1.1)のモデルで，n を大きくすれば真値 μ が平均 $\bar{y}$ でよく推定されることを述べた．このように，ただ1個の値 $\bar{y}$ によって μ を推定する方式を点推定という．一方，μ をある高い確率で含む区間を指定する方式があり，区間推定と呼ばれる．

区間推定

　すでに述べたように，誤差に関する正規分布の仮定の下で，あるいは n がある程度大きいときは誤差分布の仮定によらず近似的に，$\bar{y}$ は期待値 μ，分散 σ^2/n の正規分布に従う．そこでとりあえず分散は既知として，$\bar{y}$ を期待値と標準偏差で規準化した，

$$u = \frac{\bar{y}-\mu}{\sigma/\sqrt{n}} \tag{4.1}$$

は標準正規分布 $N(0,1)$ に従う．すると，標準正規分布の上側確率点 K_α を用いて，

$$\Pr\{|u| \leq K_{\alpha/2}\} = \Pr\left\{\left|\frac{\bar{y}-\mu}{\sigma/\sqrt{n}}\right| \leq K_{\alpha/2}\right\} = 1-\alpha$$

が成立する．なぜならこの場合，$\Pr\{\cdot\}$ は u が $\pm K_{\alpha/2}$ の範囲にある確率を表し，$\pm K_{\alpha/2}$ の外側の確率が $\frac{\alpha}{2}+\frac{\alpha}{2}=\alpha$ だからである．これを μ の範囲として表すと，

$$\Pr\{\bar{y}-K_{\alpha/2}\times\sigma/\sqrt{n} \leq \mu \leq \bar{y}+K_{\alpha/2}\times\sigma/\sqrt{n}\} = 1-\alpha$$

が成立する．このようにして構成した μ の範囲,

$$\bar{y}-K_{\alpha/2}\times\sigma/\sqrt{n} \leq \mu \leq \bar{y}+K_{\alpha/2}\times\sigma/\sqrt{n} \qquad (4.2)$$

を信頼率(あるいは信頼係数) $1-\alpha$ の信頼区間という．不等式の上限，下限は信頼上限，信頼下限と呼ぶ．この場合の α は危険率，あるいは有意水準と呼ばれ，検定同様 0.05，または 0.01 が用いられるほか，0.10 が用いられることもある．μ の範囲を簡単のために

$$\mu \sim \bar{y} \pm K_{\alpha/2}\times\sigma/\sqrt{n}$$

のように表現することもある．

信頼区間については，つい，'μ が信頼区間に含まれる確率が $1-\alpha$' といいたくなるが，それは正しくない．あくまで μ は未知定数で，信頼区間，あるいは信頼上下限が $\bar{y}$ の関数として変化する確率変数なので，'信頼区間が μ を含む確率が $1-\alpha$' と表現しないといけないのである．

その意味合いは，実験を繰り返し，このような信頼区間を 100 回構成すれば，それらの信頼区間のうち $100(1-\alpha)$ 回は真値 μ を含むことが期待されるということである．たとえば，$\alpha=0.05$ なら，100 回このような信頼区間を構成すれば，95 回は真値 μ を含む信頼区間となっているという意味合いである．

なお，特性値が安全性を表す場合には上側はいくら大きくても構わないので，信頼下限だけを求める．逆にリスクの場合は下側に興味はなく，信頼上限だけが問題とされる．これらは片側信頼区間と呼ばれ，リスクの例を第 7 章で述べる．片側だけを議論するために両側信頼区間に比べて，下限，上限の精度を高めることができる．

不偏分散

式(4.2)の信頼区間は標準偏差 σ を含んでいる．σ は従来からの知見で既知と仮定できる場合もあるが，むしろ未知の場合のほうが多い．ここで式(1.1)のように繰返しがあれば σ も推定することができる．たとえば，データのどの二つの差を取っても $y_i - y_{i'} = e_i - e_{i'}$ のように μ を含まず，いわば 0 の推定量がたくさんできる．それぞれのデータから平均を引いた $y_i - \bar{y}$ もまた μ を含まないので，誤差の推定に使えることは自明である．

これらからいろいろ作れる σ^2 の推定量の中で最も精度のよい推定量は

$$\hat{\sigma}^2 = \{(y_1-\bar{y})^2 + (y_2-\bar{y})^2 + \cdots + (y_n-\bar{y})^2\}/(n-1)$$
$$= \{y_1^2 + y_2^2 + \cdots + y_n^2 - y_.^2/n\}/(n-1) \tag{4.3}$$

であることが分かっている．そこでその平方根 $\hat{\sigma}$ を σ に代入すればよい．式(4.3)の $\hat{\sigma}^2$ はその期待値が真値 σ^2 に一致するように構成されている，つまり σ^2 の不偏推定量であるため不偏分散と呼ばれる．不偏分散はいろいろ作れる σ^2 の不偏推定量の中で，正規分布の仮定の下で分散が最小であることも示される．式(4.3)はどちらで計算してもよいが，電卓の場合は後の式のほうが簡単だろう．式(4.1)の σ を $\hat{\sigma}$ で置き換えた統計量

$$t = \frac{\bar{y} - \mu}{\hat{\sigma}/\sqrt{n}}$$

は u に換えて t で表され，t 統計量と呼ばれる．また，それは自由度 $n-1$ の t 分布に従う．したがって信頼区間を構成する式(4.2)の $K_{\alpha/2}$ は t 分布の上側確率点 $t_{\alpha/2}(n-1)$ で置き換える必要があるが，この $t_{\alpha/2}(n-1)$ も Keisan が簡単に教えてくれる．ここでも自由度は t 分布の形状を定めるパラメータである．t 分布は自由度が大きくなると，標準正規分布に近づく．

それでは，10 人の被験者に関する治療前後のコレステロール変化量(表

表 8 体内総コレステロール変化量

被験者番号	1	2	3	4	5	6	7	8	9	10	計
変化量	5	-11	-59	-36	-47	-40	22	-32	-31	14	-215

8)について,信頼率 0.95 の信頼区間を計算してみよう.$t_{0.05/2}(10-1)$ は Keisan により 2.262 である.データの平均 $\bar{y}$ は $-215 \div 10 = -21.5$ とただちに得られる.不偏分散は式(4.3)から

$$\hat{\sigma}^2 = \{5^2 + (-11)^2 + \cdots + 14^2 - (-215)^2/10\}/(10-1)$$
$$= 752.722$$

と得られる.結局,信頼区間は式(4.2)の $K_{\alpha/2}$ を $t_{0.05/2}(10-1)$ で,σ を $\hat{\sigma}$ で置き換えて

$$-41.1 = -21.5 - 2.262 \times \sqrt{752.722/10} \le \mu$$
$$\le -21.5 + 2.262 \times \sqrt{752.722/10} = -1.87 \quad (4.4)$$

と得られる.データのばらつきが大きいためかなり広い信頼区間 $[-41.1, -1.87]$ となっているが,0 を含んでいないことに注意したい.

検定から信頼区間へ

ところで,統計学において推定と 2 本柱を成す検定は,χ^2 適合度検定に限らない.じつはたった今述べた信頼区間は検定を兼ねている.引き続き式(1.1)の正規分布モデル $N(\mu, \sigma^2)$ で,データとしては表 8 のコレステロール変化量を考える.興味は当然,治療により変化があったか否かである.

この場合の簡単なモデルとは,平均に変化がないことを表す

帰無仮説 $\quad H_0 : \mu = \mu_0$

である．この例では μ_0 は無変化を表す 0 に等しいが，やや一般化して μ_0 としておく．いずれにせよこれは既知定数だから，モデルの未知パラメータ数は 0 である．対立仮説は独立性検定の場合と同じように，帰無仮説の否定

$$\text{対立仮説} \quad H_1 : \mu \neq \mu_0$$

としよう．このモデルの未知パラメータ数は μ 一個である．このとき，帰無仮説からの隔たりを表す統計量は，平均の推定量 $\bar{y}$ を用いてごく自然に $|\bar{y}-\mu_0|$ でよいと考えられる．そこで，とりあえず分散 σ^2 を既知として $u=(\bar{y}-\mu_0)/\sqrt{\sigma^2/n}$ と規準化した統計量は，帰無仮説 H_0 の下で標準正規分布に従う．結局，有意水準 α の検定方式は

$$\frac{|\bar{y}-\mu_0|}{\sqrt{\sigma^2/n}} > K_{\alpha/2} \tag{4.5}$$

のとき，帰無仮説を棄却する．帰無仮説が真ならば，平均 $\bar{y}$ と μ_0 の間にこのように大きな乖離が生じる確率は α より小さいからである．

ところでこの式を二乗して

$$\frac{(\bar{y}-\mu_0)^2}{\sigma^2/n} > \chi^2_\alpha(1) \quad (= K^2_{\alpha/2})$$

と書き直すと，先の χ^2 検定と一致することが分かる．標準正規分布に従う変数を二乗すると自由度 1 の χ^2 分布に従うことはすでに述べている．つまり，原理的に 2×2 分割表の適合度 χ^2 検定と同じになる．自由度 1 は H_1 のパラメータ数 1，H_0 のパラメータ数 0 から来ている．

なお，χ^2 は上側 α 点 χ^2_α，正規分布は上側 $\alpha/2$ 点 $K_{\alpha/2}$ を用いているが，正規分布では上側に外れる確率と下側に外れる確率を足して α となっているので，有意水準の等しい検定として辻褄が合っている．

次に，この不等式を逆転した

$$\frac{(\bar{y}-\mu_0)^2}{\sigma^2/n} \leq K^2_{\alpha/2}$$

の両辺の平方根を取り，μ_0 について解くと

$$\bar{y} - K_{\alpha/2} \times \sigma/\sqrt{n} \leq \mu_0 \leq \bar{y} + K_{\alpha/2} \times \sigma/\sqrt{n}$$

が得られる．この式は，この範囲にある μ_0 は有意水準 α の検定で棄却されないことを意味するが，よく見ると何とこれは式(4.2)の信頼区間と同じである．つまり，μ の信頼率 $1-\alpha$ の信頼区間とは，有意水準 α の検定で棄却されない μ を集めたものに他ならない．このアイディアはまさに後の第6章で用いられるアイディアである．

このことはまた，新たに検定方式などを持ち出さなくても，信頼区間を構成して帰無仮説 H_0 で設定した μ_0 がそこに含まれなければ H_0 を棄却し，含まれれば棄却しないとすればまったく同じ推測ができることを意味している．むしろ，検定による採否の二者択一方式より，信頼区間を構成するほうが標準的な方法として勧められる．

t 検定

棄却域(4.5)において通常は分散 σ^2 が未知なので式(4.3)の $\hat{\sigma}^2$ で推定する．その場合，$K_{\alpha/2}$ は自由度 $n-1$ の t 分布の上側確率点 $t_{\alpha/2}(n-1)$ で置き換える必要のあることはすでに述べた．

それでは表8について，帰無仮説 $H_0:\mu=\mu_0$ に対する有意水準 0.05 の検定を行ってみよう．この場合，$\mu_0=0$ で，データの平均は -21.5，$\hat{\sigma}^2$ は 752.722 だから，検定統計量は

$$t = \frac{|(-21.5)-0|}{\sqrt{752.722/10}} = 2.478$$

となる．これは自由度9の t 分布の両側確率 0.05 の点 2.262 を超えているので，有意水準 0.05 で有意である．帰無仮説は棄却され，コレステロール量は有意に低下したと言える．この検定は t 統計量に基づいているので，t 検定と呼ばれる．なお，この結論は信頼率 0.95 の信頼区間(4.4)

が $\mu_0=0$ を含まないことから導かれる結論と合致する.

最後に,検定統計量 2.478 の上側確率は Keisan により 0.01775 と得られる.両側の有意確率はこれを 2 倍して 0.0355 となる.これは有意水準 0.05 より小さいから,帰無仮説は棄却される.当然ながら仮説検定の結論はすべて同じだが,信頼区間が情報量が多く検定手順として勧められる.

なお,検定で有意にならないことは必ずしも帰無仮説が支持されたことにはならないと述べた.それでは真の平均 μ が帰無仮説の値 μ_0 に近いことを示すには,どうすればよいだろうか.それにはサンプルサイズを大きくして,十分狭い信頼区間を構成することによって応えることができる.n が大きいので,μ と μ_0 が離れていれば μ_0 が容易に信頼区間外に出てしまうからである.つまり,狭い信頼区間が μ_0 を含むことによって帰無仮説の信頼性を保証しようというわけである.このことは第 8 章の非劣性検証と深く関係している.

サイズの大きいデータと言えばビッグデータの検定結果の解釈を問われることがよくある.実際,ビッグデータでは検定はことごとく超高度に有意になり,解釈に戸惑うようである.そもそも統計的検定は無作為化や独立性を前提とした手法が多く,データを計画的に取得する場を想定している.ビッグデータは逆にたくさんのデータを機械的に集め,元データの変動に拘わらず平均の分散は小さいが,これらの前提は必ずしも満たされない.データの,したがって結論の信頼性は別の視点から論じられなければならない.ビッグデータではデータをかき集め,統計科学ではデータを取得することの意味を十分認識しておかねばならない.

5. タミフル投薬と未成年者異常行動の関連

　タミフル投薬に伴う未成年者異常行動の有意性を審議する検討会の現場で，何気なく犯された誤解析の実例について述べる．データの形式が同じであっても，それを得たサンプリング方式によって解析法が異なることを示す良い例である．

異常行動検討会

　やや旧聞になるが，2007年のクリスマスの夜に，インフルエンザの治療において，タミフル投薬は不投薬に対しリスクが1/2であるという驚くべき報道が一瞬だけ流れた．その後各種メディアはそのことについて一斉に沈黙を保つことになるのだが，そのことに気づかれた人はいただろうか．

　じつはその日午後の検討会で，まったく違う視点から異なるリスク推定値を出し，長時間の議論の後，先の報道に至った研究班の推測を白紙に戻したのだが，事前のプレスリリースが一瞬だけ流れたというのがその真相である．

　当時はタミフル投薬に伴う未成年者の異常行動が連日新聞を賑わしていた．本来，インフルエンザ脳症に伴う異常行動が10%程度の患者に存在するため，タミフル投薬がそれを増長しているか否かの判断はとても難しく，検討会で議論されていたのである．

　さて，そのとき研究班から提示されたデータは次のようである．

	タミフル投薬			不投薬		
	異常行動有	無	計	異常行動有	無	計
	1196	6481	7677	261	1931	2192

このデータは第3章で述べた（タミフル投薬・不投薬）対（異常行動有・無）の 2×2 分割表として整理すると見やすいが，以下に述べる理由によってそれは不適切である．この素データに基づいて異常行動発生率を計算すると

$$\text{タミフル投薬群における異常行動発生率：} \frac{1196}{7677}=0.156,$$
$$\text{タミフル不投薬群における異常行動発生率：} \frac{261}{2192}=0.119$$

となって，投薬群の発生率が高くなっている．ところが，データの詳細を調べていた研究班は重大な事実として，タミフル投薬群の異常行動1196例のうち285例は，じつはタミフル投薬前に発生していることに気がついた．そこで当然のごとくこの異常例を不投薬群に移して再計算を行い，次の結果を主張した．

$$\text{タミフル投薬群における異常行動発生率：} \frac{1196-285}{7677-285}=0.123,$$
$$\text{タミフル不投薬群における異常行動発生率：} \frac{261+285}{2192+285}=0.220$$

これだとむしろ，不投薬群の発生率が2倍近くになり，センセーショナルなニュースとしてマスコミが飛びついたわけである．

この操作に一人異を唱えた筆者は，研究班から逆に，これがまさに疫学における事故発生率の定義であると諭される破目に陥った．確かに誰の目から見ても筆者に分がありそうには見えないが，じつは重大な事実が見落とされている．

すなわち，この疫学調査では，あらかじめタミフル投薬群(7677例)と

不投薬群(2192 例)がランダムに設定されていたわけではない．つまり，最初は集計された全員(7677+2192=9869 人)が投与を受けていない不投薬群である．それが臨床経過とともにある者は投薬され，またある者は投薬されないまま軽快し，最終的に被投薬者 7677，不投薬者 2192 となったものである．

ここで刻々と被投薬者および不投薬者の分母が変わっていることに注意を払う必要がある．不投薬群での異常行動発生時に分母がずっと 2192+285=2477 だったわけではなく，個々の発生時点，とくに早期においてはもっとずっと大きかっただろうことが考慮されなければならない．異常行動 285 例を移動するなら，その分母に相当する数も移動しなければならないが，今となってはその数がいくらであるかは分からない．

長時間の議論の末，ようやく研究班の結論は撤回されたが，夜 9 時頃帰宅したその目に飛び込んできたのが前述のニュースである．翌朝のニュースに興味が持たれたが，誤報道を訂正する記載は一切なかった．別にマスコミが間違えたわけではないから，構わないということだろうか．マスコミとしても，当時起こっていた状況から鑑みて，何かおかしいと感じてもらわなくては困るのだが．

もしこの誤報道を止められず，未成年者異常行動について不投薬はタミフル投薬の 2 倍という見解が検討会の公式の結論として流されていたなら，タミフル濫用に繋がっていたかもしれないと思うと空恐ろしい気がする．

この顛末を統計仲間に話したとき，もちろんすぐ理解してもらえたが，同時にどうして誤りに気がついたかと質問もされた．実際，筆者も最初驚きはしたものの，あまりに常識外れの結論に何かおかしいと感じ，すぐに誤り探しに入ったのである．統計学は奇想天外な答えを返すことは滅多になく，たいていは直観に沿う答えを出し，同時にその信頼度を教えてくれる．結論が直観とかけ離れている場合は，どこかに誤りがないかよく検討すべきである．

ところで，巷からはいろいろな声が聞こえてきそうである．投薬，不投薬どちらも同程度に異常行動が発生するなら，この285例は事前にタミフルが投与されていても同じように発生しただろうという声，タミフルを投与していればこれらの発生はいくらか抑えられていたかも知れないという声などである．どちらももっともらしいが憶測に過ぎず，やはり各発生時点での投薬・不投薬の情報がなければ科学的な議論はできない．

生存時間解析

これと同じ現象は抗癌剤治療における生存時間解析で生じる．2種類の治療群にそれぞれ n_1 人および n_2 人がランダムに割り当てられ，治療が開始されたとする．主たる特性値は生存時間の長さであるが，治験の特殊性により途中死亡のほか，様々な理由で治験からの中途脱落が生じる．そこである時点での死亡率を比較しようとすると，2種類の治療群の分母に相当する数は刻々と変化する．

このある時点において生存し，次の瞬間に死亡，または脱落する可能性のある被験者集団をその時点でのリスクセットという．2群のリスクセットが刻々と変化することがこのデータの解析を大変難しくする．

この問題に対して英国のコックス教授によるコックス回帰というアプローチが知られている．コックス教授はこの手法の開発により2017年に第1回 International Prize in Statistics を受賞している．それはこの手法が，単に医療分野に留まらず，経済学などあらゆる分野に応用されているからでもある．余談ではあるが，筆者は1978年に当時ロンドン大学インペリアルカレッジにおられたコックス教授の下で在外研究を行った．コックス回帰はそのしばらく前に発表され，当時大変話題になっていたことが思い出される．

コックス回帰は患者の性別，年齢など予後に影響する様々な共変量を取り入れた大変柔軟な回帰モデルであるが，タミフル異常行動問題も通常

のランダムサンプルと異なり，少なくとも両群のリスクセットが刻々変化していることを考慮した解析が必要だったのである．つまり，問題の285件の異常行動が発生したそれぞれの時点で，リスクセット内の不服用者の数は最終の2477人よりずっと大きかったことが考慮されなければいけない．

タミフルその後

　タミフル異常行動解析の例は，統計学が'真理は一つ'とする数学・物理学と大いに異なり，同じデータに対して解析者によって'異なる解釈がなされる'，それも'白黒正反対の解釈がなされ得る'ことを示唆している．そこが統計学の面白いところであり，また難しいところでもある．

　ところで，冒頭，旧聞と書いたところだが，この原稿を書いていた夕食時に，インフルエンザ治療中に窓から飛び降りる，急に走り出すなどの異常行動を起こす年少者が後を絶たず，厚生労働省が治療薬服用後すべての窓に鍵をかける，1階に寝かすなどして年少者を危険な環境に置かないよう注意喚起を強化するとのニュースが流れた．翌日のニュースに注目したところ，2009年から8年間に報告されたインフルエンザ患者における異常行動件数は404例に上り，その78%が未成年ということである．インフルエンザ患者が「タミフル」や「リレンザ」などの治療薬を服用した後に異常行動を起こすケースが相次いで報告されているものの，薬との因果関係は分かっておらず，服用していなくても異常行動が起きたケースもある．このため厚生労働省は薬の服用有無に拘わらず注意が必要としているとの報道であり，どうやら旧聞どころではないようである．

　ちなみに，2009年とは結局タミフルと異常行動の間に明確な因果関係を示すエビデンスは得られないとして，検討会が閉じられた年である．念のため，その6月3日付で整理された集計表は次の通りである．

	タミフル投薬			不投薬		
	異常行動有	無	計	異常行動有	無	計
	840	6598	7438	286	1942	2228

ただしこの集計では，依然としてタミフル投薬前に異常行動を発生した107例が不投薬群に含まれており，適切ではない．それをタミフル投薬群に戻した集計は次の通りである．

	タミフル投薬			不投薬		
	異常行動有	無	計	異常行動有	無	計
	947	6598	7545	179	1942	2121

この素データに基づいて異常行動発生率を計算すると

$$\text{タミフル投薬群における異常行動発生率}：\frac{947}{7545} = 0.126,$$

$$\text{タミフル不投薬群における異常行動発生率}：\frac{179}{2121} = 0.084$$

となっている．なお，2007年よりデータ数が少ないのは，異常行動発生時点でリスクセットが不明，つまりタミフル投薬との前後関係が不明なケースが除外されているからである．

ところが，その後のニュースでは厚生労働省は，タミフルの添付文書の警告欄に書かれた '10歳以上の未成年の患者に，原則として使用を差し控えること' を削除するよう指示する方針のようだ．有識者から '他の薬でも同様に異常行動が起こっており，タミフルだけが危険だという誤ったメッセージになる' などの意見が出たと紹介されているが，その後のどのようなデータに基づき，どういう科学的議論が行われたのだろうか．従来の方針を変更する大事な決定だから，データと有識者会議の議論は公開すべきであろう．第8章で紹介するNS同等の類でなければよいのだが．

「クスリはリスク」とよく言われる．よく効く薬ほど副作用の懸念があ

り，コストベネフィットは基本的に医師と，その説明を受けた患者本人がよく考えるべきことなのだろう．ところで，去年(2017)，今年(2018)と連続して，今まで罹ったことのないB型，A型インフルエンザに罹患した．筆者が処方されたのはタミフルではない，鼻腔からの吸引式であったが，実際，その即効性は驚くべきものだった．幸い筆者が急に走り出すようなことは起きなかった．

6. ゼロトレランス問題——BSE余談

　2004年10月に，それまで停止されていた牛肉および牛肉製品の貿易再開に関する日米局長級会談が行われ，23日にその日米共同記者会見が行われた．前提となったのは，20月齢以下では食肉汚染の可能性がきわめて低いこと，また，この時点ではBSEの危険部位が特定され，たとえ感染牛であってもそこを取り除くことにより人への感染率はきわめて低レベルに押さえられることであった．そこで，日本と異なり，月齢が定かでない米国産牛の月齢を他の指標からどう判別できるかが大問題となり，農林水産省，外務省，厚生労働省の3省からなる物々しい牛の月齢判別に関する検討会が設置された．

　これはまさに統計科学の問題であり，ある夕刻に，建て替え前の大学の薄暗い研究室で3課長を含む数名の役人から事情説明を聞くこととなった．背負うそれぞれの背景から，とにかく真実を知りたいとする立場，再開に向けた窓口の開くことを強く望む立場，そしてあくまで人命尊重の慎重な立場といろいろあったが，科学的に信頼できる方式と数値を示して欲しいという要求は共通していた．

肉の成熟度による月齢判別

　月齢判別のための指標として米代表団が提案したのは，日本では馴染みのない肉の成熟度，未成熟から順にA20, …, A90, B00, …, B60, C00, であった．その際示されたデータは**表9**の通りである．

米代表団は月齢20以下と21以上の2群間で成熟度に高度な差があることを2標本t検定で示し，当初，閾値A60を提案した．2標本t検定とは第4章の最後に述べたt検定を2群比較に応用したものであり，その概要は第8章で述べる．

我々は表9のデータからそれはとうてい受け容れられない閾値であること，また興味があるのはそのような月齢による成熟度の大局的な違いではなく，ある閾値で切ったときに，どのくらいの割合で21月齢以上が混入するかという個体の分布であると主張した．

次に焦点となったのは，とりあえず21月齢以上が見られない閾値A40の妥当性であった．ここで一つ注意すべきことは，表9を得たサンプリング方式が月齢から見て前向きであることである．つまり，若月齢を主に集めるサンプリング方式であり，成熟度ごとに必要例数を収集したものではない．そのことに注意しないと，B成熟が老月齢よりむしろ若月齢に多いといった誤った推論に陥ることになる．つまり，成熟度に対する月齢分布を比較するのは誤解を招く．たとえば，A40では196例中に21月齢以上が0というような議論は意味がない．つまりこの例も第5章同様，データのサンプリング方式に注意を払わないと誤りを犯す例である．一方，第2，3章の分割表は解析法がサンプリング方式に依存しない例になる．

そこでこの場合は21月齢に注目し，成熟度がA40以下である事象の確率をp，A50以上である事象の確率を$1-p$としてその大きさを推測することとした．その値のできるだけ小さいことが望ましく，結局，問題は確率pの信頼できる推定値を得ることに絞られた．

表9によれば，21月齢は237例サンプリングされ，成熟度A40以下は0頭である．単純な方法ではpの推定値は$\hat{p}=0/237=0$で，分散の推定値も0となるが，それでは米代表団を喜ばせるだけである．そこで区間推定の基本に戻ってpの信頼上限を求めてみよう．

第4章で述べたように，信頼区間は検定で棄却されないpの集合とし

表 9 月齢と成熟度による 2 元分類表

成熟度	月齢 11	12	13	14	15	16	17	18	19	20	21	22	22	24	25	26	27	28	29	30	計
A20	0	0	1	1	1	0	0	0	0	0	0	0	0	0	0	0	0	0	0	0	3
A30	0	0	3	1	47	6	0	0	0	0	0	0	0	0	0	0	0	0	0	0	57
A40	0	2	19	12	92	69	2	0	0	0	0	0	0	0	0	0	0	0	0	0	196
A50	1	7	31	28	42	135	100	10	18	10	19	0	0	0	0	0	0	0	0	0	401
A60	0	1	58	174	155	79	164	105	297	39	69	0	0	0	0	0	0	0	0	0	1141
A70	0	1	30	56	105	6	83	125	441	47	89	0	0	0	0	0	0	0	0	0	983
A80	0	0	0	2	8	0	11	56	218	54	37	1	1	0	0	0	0	2	1	1	392
A90	0	0	1	3	12	0	3	1	36	14	17	0	0	0	0	1	1	0	0	0	89
B00	0	0	0	3	1	1	0	2	13	4	4	0	0	0	0	2	0	1	1	0	32
B10	0	0	0	4	3	0	0	1	9	0	0	0	0	0	0	0	0	0	0	0	17
B20	0	0	0	4	0	0	0	0	7	0	2	0	0	0	0	0	0	0	0	0	13
B30	0	0	0	2	1	0	0	0	1	0	0	0	0	0	0	0	1	0	0	0	5
B40	0	0	0	1	0	0	0	0	0	0	0	0	0	0	0	0	0	0	0	0	1
B50	0	0	0	1	1	0	0	0	0	0	0	0	0	0	0	0	0	0	0	0	2
B60	0	0	0	0	0	0	0	0	1	0	0	0	0	0	0	0	0	0	0	0	1
C00	0	0	0	2	1	0	0	0	2	0	0	0	0	0	0	0	0	0	0	0	5
計	1	11	143	294	469	296	363	300	1043	168	237	1	1	0	0	2	1	5	2	1	3338

て構成される．さて，事は人命に直接関わることなので，信頼率は 0.99 (α=0.01) としよう．実験数 n=237 で，事象の発生回数 y=0 の場合に，有意水準 0.01 の検定で棄却されない p は

$$p^0(1-p)^{237} \geq 0.01 \qquad (6.1)$$

から求められる．この式の左辺はある p のときに n=237 で，A40 以下が 0，A50 以上が 237 回起きる確率を表し，それが 0.01 より小さければそ

表10 21月齢牛の成熟度がA40以下である確率の推測

$\dfrac{0}{237}$ $\Longrightarrow$	信頼上限 0.01925 ($p\leq 0.01925$)
	(信頼率 0.99)

1. このような信頼上限は100回中99回真の確率 p を含む.
2. 仮説 $H_1: p>0.01925$ は有意水準 0.01 で棄却される.
3. $p>0.01925$ なら, 0/237 は 100 回に 1 回も起こらない.

⇩

$p>0.01925$ は考えにくい

の p は有意水準 0.01 で棄却される.したがって,それが 0.01 以上であるとする式 (6.1) を解いた上限が,有意水準 0.01 の検定で棄却されない p の上限,すなわち信頼率 0.99 の信頼上限を与え,その結果は 0.01925 となる.これは第4章の最後に述べた正規分布の平均 μ に関する信頼区間の構成方式を忠実に追っているだけだが,不思議なことにどの統計のテキストを見ても記載がない.後で述べるようにいろいろな局面で使える方式なのでもっと知られてよいと思われる.

以上の結果と解釈は**表10**のようにまとめられる.人によってこの信頼上限は,事の重大さを考えると若干大きいと思われるかも知れない.しかし,年間に検査される米国産若齢牛約250万頭のうち感染率は100万分の1程度であり,さらに,先に述べたようにこの時点ではBSEの危険部位が特定され,たとえ感染牛であってもそこを取り除くことにより人への感染率は1万分の1オーダーとされていた.これらの値と上記の信頼上限 0.01925 を掛け合わせると人への感染のリスクはきわめて低レベルに押さえられる.

なお,日本側としてはこれらの検討を踏まえた上で,さらに21月齢牛の追加サンプルを要求した.米側もそれに応じて,246例を収集し,成熟度 A40 以下は 0 頭との回答があった.これにより,総計 483 分の 0 となり,21月齢牛で成熟度が A40 以下である確率の信頼率 0.99 の信頼上限は 0.0095 となった.

閾値 A40 の妥当性

ところで，上で求めた信頼上限は 21 月齢に注目したときに成熟度が A40 以下である確率，つまり

$$\Pr\{\text{成熟度} \leq \text{A40} \mid 21\text{月齢}\}$$

に対する値である．ただし，式中の縦棒は確率を定義するときの条件を表すのに使われる記号である．この確率自体にも興味はあるが，むしろ A40 を閾値として輸入を再開したとき，21 月齢が誤って混入する確率

$$\Pr\{21\text{月齢} \mid \text{成熟度} \leq \text{A40}\}$$

がより知りたいところである．元データの集められたサンプリング方式が月齢から前向きだったために，直接推定できる確率が前者であったというわけである．幸い，前者の確率はベイズの定理によって後者の確率に変換できる．詳細は省略せざるを得ないが，次のようにすればよい．

$$\Pr\{21\text{月齢} \mid \text{成熟度} \leq \text{A40}\}$$
$$= \Pr\{\text{成熟度} \leq \text{A40} \mid 21\text{月齢}\} \times \frac{\Pr\{21\text{月齢}\}}{\Pr\{\text{成熟度} \leq \text{A40}\}}$$

ここで若齢牛を集めた元データが典型的なサンプルであるなら，Pr{21月齢} は 237/3338 と推定され，Pr{成熟度≤A40} は 256/3338 と推定される．つまり，幸いなことに上で求められた信頼上限 0.01925 は，A40 を閾値としたとき 21 月齢が誤って混入する確率の信頼上限としても有効であると考えられる．

植物検疫

幸い BSE 問題はやや旧聞となったが，このように，判断の対象である

大きなロットから n サンプル抽出し，有害事象の見られるサンプルが0個のとき合格とする方式はゼロトレランスと呼ばれ，いろいろ応用可能である．たとえば農林水産省では，'我が国に存在しない害虫が国内で繁殖，定着するのを防ぐ' 目的でゼロトレランス基準が用いられている．輸入植物検疫規定はゼロトレランスを前提とした上で，植物の種類ごと，また，ロットの大きさごとに採取すべきサンプルの大きさ n を指定しているという．

n の決定は統計理論に基づき，病害虫が侵入，定着する危険度を勘案して，'300本以上' とか，'180 kg 以上' というように定められる．たとえば，3000本のロットの切り花の検査を例にとると，害虫の寄生率が $p=0.01$ のとき，検出力0.95の確率で害虫が発見できるよう，検査数量 n は300以上と規定される．すなわち0/300が要求され，これは p の信頼率0.95の信頼上限が0.01以下を要求することと同じである．

高速道路遮音板落下リスク評価

最近，高速道路株式会社関係者から，高速道路上に設置されている透光性遮音板の性能基準の見直しについて相談を受けた．20年以上前の知見で整備されたものを，最新の知見で検討し直すための実験の計画と取りまとめの相談であった．具体的に，高速道路上で発生した交通事故で，透光性遮音板に衝突した際に飛び散る破片の許容できる重量を科学的に決めるための破片落下実験の実験数および信頼率の相談であった．たとえば破片が何g以下であれば許容できるが，何gは不可であるなどのことを科学的に決定したいということである．これはいつ事故に遭遇するか分からない我々にとっても重要関心事である．

落下実験は，たとえば1gに設定された破片を20mの高さから，人間の皮膚に一番近いとされる豚皮に自由落下させ，その到達深度と創の程度を確認する．そして，表皮までは健康上問題が少なく，重要組織や太い血

管が存在する皮下脂肪組織への到達が重大関心事の一つであるとの説明を受けた．したがってこの問題は，計量値の解析とともに，皮下脂肪組織到達のゼロトレランス問題としても捉えられた．

そこで方針として，過去のデータから交通事故のうち破片落下に至る事故の発生割合が年間1万分の1程度と小さいことを前提として，皮下脂肪組織到達率の信頼上限 p=0.05 を信頼率 0.95 (α=0.05) で保証することとした．それには実験数を n として，有意水準 α=0.05 の検定で実現値 y=0 が棄却されない p の上限が 0.05 であればよい．ここで，式(6.1)の (α=0.01) を (α=0.05) に変えて，ある n に対し p の信頼上限を与える式

$$(1-p)^n \geq 0.05 \tag{6.2}$$

が得られる．そこで，今度は p に上限値 0.05 を代入して n について解くと，$n \geq 59$ となる．つまり，p=0.05 を保証するゼロトレランス規制に要するサンプルサイズは 59 例ということになる．そこで1gについて n=60 の実験を実施し，結果として皮下脂肪組織到達0が実現した．これにより，破片1gに対して p の信頼率 0.95 の信頼上限 0.05 が達成された．

ちなみに，n=50, 100, 200, 300 に対し，y=0 の場合に信頼率 0.95 の信頼上限はそれぞれ，0.058, 0.030, 0.015, 0.010 となる．n=300，信頼上限 0.010 のゼロトレランス保証が先の例に挙げた植物検疫で使われていた．

0トレランスと1トレランス

ここで当然の興味として1トレランス方式が浮上する．もちろん見つかった1個は廃棄して，残りを合格とする方式である．この場合に信頼上限を与える式は2項分布 $B(n,p)$ をもとにして，式(6.2)に1個が不良（$n-1$ 個が良）である確率を足して

$$(1-p)^n + np(1-p)^{n-1} \geq 0.05 \qquad (6.3)$$

となる．

2項分布は第1章の多項分布の特別な場合に当たるが，第8章でも用いるので簡単に説明しておこう．この例のように1回につき良品か不良品のような2通りの出現可能性がある事象を，独立に n 回観測したときのたとえば不良品数 y の確率を記述するのが2項分布 $B(n,p)$ である．ただし，p は1回当たりに注目しているほうの事象が生起する確率（この場合は不良率）である．第 i 回目に不良品が出れば $x_i=1$，良品なら 0 を取る確率変数により，不良品数は $y=x_1+\cdots+x_n$ のように表すことができる．

2項分布に従う確率変数 Y がちょうど y という値を取るのは，x_i のうち y 個が 1，$n-y$ 個が 0 のときだから，その確率は $p^y \times (1-p)^{n-y}$ と思われる．しかし，$(x_1,\cdots,x_n)$ の並びの中でどの y 個が 1 でもよいので，実際は場合の数を掛けた

$$\Pr\{Y=y\} = \binom{n}{y} p^y (1-p)^{n-y} \qquad (6.4)$$

が，n 個中に y 個の不良品が含まれる確率である．式(6.4)に $y=0,1,\cdots,n$ を代入して足し合わせると，全確率 1 になる．そのうち，0 と 1 の場合について足したのが式(6.3)である．ちなみに式(6.3)の左辺第1項は取り出した n 個が全部良品，第2項は1個だけ不良品，残りが良品の確率である．第1項の係数 1 は

$$\binom{n}{0} = \frac{n!}{0!(n-0)!} = \frac{n!}{1 \times (n)!} = 1$$

から来ている．第2項の係数 n は n 個から1個を選ぶ場合の数 $\binom{n}{1}$ にほかならない．

2項分布はたとえば患者の治療後，治癒と不治癒がある場合の治癒者の

表 11　0 トレランス，1 トレランスの場合の信頼上限

例数	0 トレランス		1 トレランス	
	$\alpha=0.05$	$\alpha=0.01$	$\alpha=0.05$	$\alpha=0.01$
50	0.059	0.088	0.092	0.126
100	0.030	0.045	0.047	0.065
200	0.015	0.023	0.024	0.033
300	0.010	0.016	0.016	0.022
500	0.006	0.010	0.0095	0.014
1000	0.003	0.005	0.0048	0.0067

数にもよく適用され，その場合の p は治癒（有効）率である．その例は第 8 章の非劣性検証で述べる．

さて，式 (6.3) の p に上限値 0.05 を代入して n について解くと今度は $n \geq 93$ を得る．つまり，93 サンプル中に不良が 1 個以下なら不良率の信頼率 0.95 の信頼上限は 0.05 で押さえられる．ここで，59 個中不良 0 個と，93 個中不良 1 個で保証される信頼上限は等しく 0.05 であることが分かった．0 トレランスはなかなか厳しく，1 トレランスが多少とも精神的に楽と思われるか，1 トレランスで要求されるサンプルサイズはコストが高い，あるいは実施上難しいと考えられるかは実験者次第である．参考までに，例数と達成される信頼上限，そして有意水準 α の関係を示す**表 11** を与えておく．

なお，この章から学べる教訓は，どんなに頑張っても科学的にリスクゼロを 100% 保証することはできない．できるのはリスクの上限をたとえば信頼率 0.99 ($\alpha=0.01$) や 0.95 ($\alpha=0.05$) で保証することである．リスクの上限がいくらであればよいのか，また有意水準 α をどう選ぶかは危険の重大性によって決める．その際，BSE の場合における潜在的な感染率が小さいことや，透光性遮音板の場合における破片落下に至る事故の割合が小さいことなども考慮される．タミフルの話と同様，十分な情報提供を受け，科学的に保証されている内容を理解した上で，最後にリスク・ベネ

フィットを勘案して行動を決めるのは自分自身ということであろう．

　最後に，微塵のリスクも許されない局面では全数検査をせざるを得ないが，破壊を伴う検査ではそれはできない．また，仮に全数検査をしたとしても，全知全能の神ならぬ身では，見逃しのリスク皆無とはなかなか主張できない．

7. 受動喫煙のリスク評価

　世の中でスモーキング・クリーン(smoking clean)が叫ばれ，飛行機は全面禁煙，新幹線も大半が禁煙席となった．我が大学でもしばらく前から指定個所以外での禁煙が徹底されている．20歳になれば喫煙は別に法律で禁じられているわけではないのに，これだけ反喫煙が叫ばれるのには，それなりの意味がある．そもそも，あのように刺激の強い煙を肺一杯に吸い込んで身体にいいわけがない．かつてのヘビー・スモーカーとしては，気分転換，眠気覚ましなどの効用を認めたくもあるものの，受動喫煙の有害さを突き付けられては，'自分の勝手でしょ'と粋がってもいられなくなる．

煙草は何故嫌われる？

　きっかけは1981年に発表された平山論文(Hirayama, 1981)であった．そこでは，14年間の疫学調査で，喫煙習慣のない妻たち91540人の肺癌による死亡率が夫の喫煙習慣の程度と対比して比べられている．データは後ほど示す通りだが，結論からいうと，夫が毎日20本以上の煙草を吸う場合と喫煙習慣がない場合で，その妻たちの肺癌による死亡率に2倍以上の開きがあるという．このニュースは世界を駆け巡り，家庭内の喫煙者は換気扇の下に追いやられ，はたまた夜団地のベランダで喫煙する夫たちが急増し，闇夜に火が点滅する様からホタル族と呼ばれるようになった．
　インターネットで火災の出火原因の統計を見ると放火が最多で，煙草の

不始末がそれに次いでいる．中でも多いのが寝煙草，歩行喫煙での不始末だが，先日某大学の先生からこんな話を聞いた．学生が火の付いた煙草を屑かごに捨て，それが燃え出したというのである．現場を押さえたそうなので事実であるに相違ないが，そんな分かり切ったことを本当にするのだろうかと信じられない思いであった．当の学生にしてみれば，学内美化に協力したつもりだったのかも知れないが．筆者には，習慣的喫煙者だった院生時代に，研究室を出る際に煙草の火をきちんと消したかどうかが心配になり，帰路半ばを過ぎた池袋から本郷の研究室まで確認のために戻った経験がある．

平山論文

ここで平山論文に話を戻そう．当然ながら煙草メーカーはその結論に猛反発した．実際，データの粗集計は**表12**のようであり，喫煙習慣に応じて肺癌死亡率が増大する用量相関は見られるものの，1日20本以上喫煙と非喫煙で相対リスクは1.5程度であり，統計的有意差は見られない．ここで相対リスクとは20本以上喫煙の非喫煙に対する肺癌死亡率の比と定義している．

表12では肺癌死を分数表示しており，分母が観測総数，分子が肺癌による死亡数，そして分母の総計は91540である．ここで，非喫煙と20本以上喫煙に対する妻の肺癌死の有無は**表13**のような2×2分割表にまとめることができる．これから第3章の統計量$u_{11}(3.8)$を計算すると

$$u_{11} = \frac{56 - 25461 \times 88/47356}{(25461 \times 21895 \times 88 \times 47268/47356^3)^{1/2}}$$
$$= \frac{56 - 47.3133}{4.6728} = 1.859 \tag{7.1}$$

となる．この値は標準正規分布の両側確率0.05点，1.96より小さく，差の出そうなところを選んだ後知恵解析であるにもかかわらず，確かに有意

表 12　夫の喫煙の有無と妻の肺癌死亡率

	夫の喫煙習慣	
非喫煙	1 日 19 本以下	1 日 20 本以上
$\frac{32}{21895}=0.0015$	$\frac{86}{44184}=0.0019$	$\frac{56}{25461}=0.0022$

(分母が観測総数，分子が死亡数)

表 13　夫の喫煙の有無と妻の肺癌死の有無

喫　煙	妻の状態		
	肺癌死	健　康	計
1 日 20 本以上喫煙	56	25405	25461
非喫煙	32	21863	21895
計	88	47268	47356

水準 0.05 で有意ではない．ちなみに χ^2 統計量は $u_{11}^2=3.46$ であり，これは自由度 1 の χ^2 分布の上側確率 0.05 点，3.84 より小さい．

年齢，および農業従事の有無による層別

同じデータを夫の調査参入時点での年齢，および農業従事者であるか否かで層別して示すと**表 14** のようになる．表 14 の下半分は原著にはないが，原著 Table I と II から合成できる．ここで，最後の列は 1 日 20 本以上喫煙と非喫煙の場合の相対リスクである．

この相対リスクには表 12 の粗集計に見られる 1.50 よりはるかに大きな値を示すものがあり，表 13 に対する解析結果に疑問が生じる．そこで表 13 を表 14 の層別に対応して精密化すると**表 15** が得られる．ただし，$i=1: 40\sim59$&農業；$i=2: 40\sim59$&非農業；$i=3: 60$ 以上&農業；$i=4: 60$ 以上&非農業である．ここで喫煙，非喫煙に拘わらず死亡率が $i=1$ と

表 14　夫の年齢と職業で層別した妻の肺癌死亡率

夫の年齢	夫の職業	夫の喫煙習慣			相対リスク
		非喫煙	1日19本以下	1日20本以上	
40～59	農業	$\frac{3}{5999}=0.0005$	$\frac{20}{12753}=0.0016$	$\frac{16}{7150}=0.0022$	4.47
	非農業	$\frac{8}{8021}=0.0010$	$\frac{20}{17923}=0.0011$	$\frac{20}{13434}=0.0015$	1.49
60以上	農業	$\frac{14}{4407}=0.0032$	$\frac{32}{7291}=0.0044$	$\frac{8}{2241}=0.0036$	1.12
	非農業	$\frac{7}{3468}=0.0020$	$\frac{14}{6217}=0.0023$	$\frac{12}{2636}=0.0046$	2.26

表 15　夫の年齢・職業による4層別における夫の喫煙の有無と妻の肺癌死の有無

層別 (i)	喫煙 (j)	妻の状態 (k)		計	死亡率
		1. 肺癌死	2. 健康		
1. 40～59&農業	1. 1日20本以上喫煙	16	7134	7150	0.0022
	2. 非喫煙	3	5996	5999	0.0005
2. 40～59&非農業	1. 1日20本以上喫煙	20	13414	13434	0.0015
	2. 非喫煙	8	8013	8021	0.0010
3. 60以上&農業	1. 1日20本以上喫煙	8	2233	2241	0.0036
	2. 非喫煙	14	4393	4407	0.0032
4. 60以上&非農業	1. 1日20本以上喫煙	12	2624	2636	0.0046
	2. 非喫煙	7	3461	3468	0.0020
計		88	47268	47356	

2で比較的低く, 3と4で高いことに注意しよう. つまり, 年齢60以上で一般に死亡率が高いということである.

そして, 死亡率の低い層で喫煙者が多く集められ, 高い層で非喫煙者が多く集められていることが目を引く. とくに層3で非喫煙例(4407)が喫煙例(2241)に対し2倍近い症例数を集められているという不釣り合いが生じている. したがって, この層別を無視して集計すれば, 非喫煙群の肺

癌死亡率が喫煙群に対し不当に高く評価されてしまうのはむしろ当然である．夫の年齢 60 以上で妻の肺癌死亡率の高いことが，年齢を無視した解析のために誤って非喫煙のせいに被されてしまうからである．

つまり，先の誤解析の元はといえば，1 日 20 本以上喫煙群における妻の肺癌死亡例 56 を帰無仮説の下で規準化した式(7.1)の操作において，この層別を無視した集計表の周辺和を用いたことから来ている．誤解析を避けるには，層別した 2 元表の各層で規準化してから集計すればよい．それはマンテル-ヘンツェル法としてよく知られている．

マンテル-ヘンツェル法

表 15 は層別，夫の喫煙習慣，妻の状態を三つの属性とする 3 元表の例となるので，3 個の添え字を用いて $\{y_{ijk}\}$ と表すことにする．i が層別，j が夫の喫煙習慣，k が妻の状態を表す．このデータを，層ごとに 2×2 分割表 $\{y_{i11}, y_{i12} y_{i21}, y_{i22}\}$, $i=1,\cdots,4$, が得られていると見て，第 3 章の方法で y_{i11} の独立性の帰無仮説の下での期待値と分散を求める．そのための補助表と結果は**表 16** のようにまとめられる．

たとえば，第 1 層の期待値と分散は次のように求められている．

$$\text{期待値：} \frac{7150\times 19}{13149} = 10.3316,$$

$$\text{分散：} \frac{7150\times 5999\times 19\times 13130}{(13149)^3} = 4.7068$$

そこで式(7.1)の u_{11} のように y_{i11} の総計 56 を集計表に基づいて規準化するのではなく，層ごとの期待値と分散を用いて次のように規準化統計量を構成する．

表16 各層の $(1,1)$ セルのデータ y_{i11} の独立性の帰無仮説の下での期待値と分散の計算

層別 (i)	y_{i11}	$y_{i1\cdot}$	$y_{i2\cdot}$	$y_{i\cdot 1}$	$y_{i\cdot 2}$	$y_{i\cdot\cdot}$	$y_{i1\cdot}\times y_{i\cdot 1}/y_{i\cdot\cdot}$	$y_{i1\cdot}\times y_{i2\cdot}\times y_{i\cdot 1}\times y_{i\cdot 2}/y_{i\cdot\cdot}^3$
1	16	7150	5999	19	13130	13149	10.3316	4.7068
2	20	13434	8021	28	21427	21455	17.5321	6.5459
3	8	2241	4407	22	6626	6648	7.4161	4.8999
4	12	2636	3468	19	6085	6104	8.2051	4.6472
計	56						43.4849	20.7998

$$u_{\mathrm{MH}} = \frac{(16-10.3316)+(20-17.5321)+(8-7.4161)+(12-8.2051)}{(4.7068+6.5459+4.8999+4.6472)^{1/2}}$$

$$= \frac{56-43.4849}{\sqrt{20.7998}} = \frac{12.5151}{4.5607} = 2.74$$

この規準化では,互いに独立な変数の和の分散は,各変数の分散の和に等しいこと(第1章)を用いている.すなわち,分子で足されている統計量の総和の分散を,それぞれの分散の和として計算している.

さて,この値の標準正規分布としての両側有意確率は 0.006 であり,きわめて高度に有意である.u_{11} の式(7.1)と見比べると,総計 56 を規準化するのに,分散の評価はあまり変わらず,期待値の評価が 47.31 から 43.48 と大きく食い違っていることが分かる.集計した表 13 の解析では,先に述べた層による肺癌死亡率の差,および喫煙,非喫煙例数の集計の不釣り合いがそのまま修正されずに残ってしまったのである.

なお,原著平山論文では中間の喫煙レベル 1 日 19 本以下も含めて,拡張マンテルと呼ばれる方法で解析され,ここで示したのと同様に夫の喫煙習慣と妻の肺癌死の関連について高度な有意差が示されている.第 9 章ではさらにここで示した解析法を 1 日 19 本以下喫煙も含めたデータに拡張し,やはり高度に有意な結果が得られることを示す.じつは層別した各層で相対リスクが 1 を超えるのに粗集計では逆にそれが 1 より小さくなるような例も簡単に作れ,シンプソンのパラドックスと呼ばれている.煙

草メーカーはそのパラドックスを逆手に取って反論を試みたというわけである．

シンプソンのパラドックス

表17に説明のための人工データではあるが，シンプソンのパラドックスの例を示す．夫の年齢層別に見ると，どちらの層でも喫煙の非喫煙に対する相対リスクは2である．したがって全体の相対リスクも2であるはずだが，単純な集計では表17の合計欄のように0.68となって，非喫煙のほうが肺癌死の割合が高く見える．

パラドックスの生じた理由は，40〜59と60以上では肺癌死亡率が大きく異なる．そして，肺癌死亡率が大となる60以上で非喫煙者が喫煙者に比して多く集められた結果，単純な集計では非喫煙者の肺癌死亡率が相対的に高く見えてしまったのである．

これと同じことが，作り話ではなく表13，15で実際に起こっている．このパラドックスは3元表の解析でよく知られており，たとえばマンテル-ヘンツェル法や，対数線形模型の導入で避けられるが，やや専門的になるのでこの本ではこれ以上深入りしない．

表17 シンプソンのパラドックス

夫の年齢	夫の喫煙	妻の状態		合 計	死亡率(%)	相対リスク
		肺癌死	健 康			
40〜59	喫 煙	20	9980	10000	0.2	2
	非喫煙	1	999	1000	0.1	
60以上	喫 煙	8	992	1000	0.8	2
	非喫煙	40	9960	10000	0.4	
合計	喫 煙	28	10972	11000	0.25	0.68
	非喫煙	41	10959	11000	0.37	

このように解析者によって白黒正反対の結論に至る例は第 5 章でも紹介した．知らず知らずに，また時にはこの例のように意図的にそれらは起こされるので，我々はそのどちらが正当であるか判断できるようにしておかなければならない．

折しも国会で受動喫煙防止法が成立した．床面積の小さな飲食店には例外的に喫煙を認める経過措置を取ることとして，当初規準の床面積 $30\,\mathrm{m}^2$ が議論され，その後 $150\,\mathrm{m}^2$ 案も出たようだが現在は $100\,\mathrm{m}^2$ 以下の個人または中小企業の既存店ということに落ち着いたようである．立場により意見が違うようだが，もっと科学的な議論ができないものだろうか．なお，東京都は，従業員のいる飲食店は床面積のいかんにかかわらず一律に禁煙という独自の方策を打ち出している．一方，喫煙自体が国の法律で禁じられているわけではないことを考えると，これは難しい問題をはらんでいる．施策者としては，三方一両損に倣い，名裁きの見せどころではないだろうか．

8. 新薬開発のプロセスと統計学

　新薬と対照薬の単純な2群比較に限っても，I，II，III，IV相試験，ランダム割り付け，2重盲検化，非劣性(同等性)検証，多重性問題，プラセボ対照，倫理的問題とインフォームド・コンセントなどなど，課題がたくさんある．

　大学病院で治験参加を呼び掛けるビラをよく見掛けるが，参加・不参加の判断をする前にぜひ以下を一読して欲しい．漢方薬に関して，有効性が臨床試験によって科学的に証明されているとか，いないとかいう議論の意味も理解されることと思う．

新薬開発のプロセス

　新しい薬を開発するには，有望な化合物の探索から始めて，in vitro (試験管)試験，in vivo (生体)試験を経て許認可申請に至るまで数年から十数年かかる．このうち in vivo 試験は動物試験とヒトによる試験に分かれ，ヒトによる試験はさらに以下のような4相に分かれる．

　　［I相試験］　健常者による安全性薬理試験
　　［II相試験］　最適な臨床用量を決めるための用量設定試験
　　［III相試験］　被験薬と既存の有効な薬剤，またはプラセボとの比較臨床試験
　　［IV相試験］　市販後に行われる有効性・安全性の補足情報を得るための様々な試験

Ⅰ相は通常 10～20 人程度の健常男性ボランティアによる，薬剤の体内動態や，肝臓や腎臓の臨床検査値の変化を調べるヒトにおける最初の試験であり，有効性より安全性を主眼として行われる．通常女性が避けられるのは，次世代まで影響する副作用の可能性が否定できないからである．

Ⅱ相は実際の患者に対する有効性を調べる最初の試験である．幾つかの用量水準でそれぞれ 100 人程度の被験者を治療し，その有効・無効のデータから用量・反応曲線を推測し，安全性を勘案しつつ最適な臨床用量を決定するのが統計学の仕事である．

用量が決まれば，それと対照薬を比較する実践的なⅢ相試験が待ち受ける．わざわざ実践的と書いたのは，この段階では日常の臨床診療にできるだけ即した条件での比較を目指すからである．というのは，日本のⅢ相試験は多くの場合，1 群 100 から 200 例程度で行われる．その結果を今後その治療を受ける何千，何万の患者に適用しようというのだから，被験者集団は特殊な集団であってはいけないわけである．

これは品質管理において，実験室限りの優等生ではなく，使用する現場でロバストな製品作りを目指すロバストデザインの考え方にも通ずる．ただし，腎臓疾患患者や超高齢者など，反応の予測できないハイリスク患者は除外される．これら特別な集団に対する有効性・安全性はⅣ相試験で慎重に調べられる．その他，一般化のためには複数の，タイプの異なる施設で治療が実施されることも必要である（多施設臨床試験）．

さらに最近は臨床開発を促進するために外国データの利用も行われるようになった．その場合，有効性・安全性に関し日本人と外国人（たとえば白人）との間に大きな民族差のないことが前提となり，データに基づいてそれを検証するのも統計学の仕事である．

Ⅲ相試験の評価・解釈が許認可を決定するのだから，統計学は医薬品開発に決定的な役割を果たしているといえる．この後述べる NS 同等は，この大事な許認可の局面でかつて行われていた，統計的方法のとんでもない誤用である．

一方，どんなに厳密にⅢ相試験を遂行したとしても，稀な，あるいは長期に遅延する副作用は数百例の臨床試験では見つからない．実際，服用した当人ではなく次世代に副作用が発生する例があり，それも次世代が成人したときに発現するように長期に遅延する例も知られている．そこで市販後に臨床現場から様々なチャンネルを通じて副作用情報を収集し，それを速やかに全医療施設に伝達しなければならない．有害な薬はできるだけ早期に使用を停め，その薬に晒される患者の数を最小限に留めたいわけである．そのため，医薬品機構を中心に厚生労働省や病院間を結ぶ大規模なネットワークができている．ソリブジンその他，市販後に予期せぬ副作用によって販売停止や警告措置の取られた薬の新聞報道は，誰でも目にしたことがあるだろう．

さらに，いまだ有効な薬が存在しない領域において緊急な必要性のために，Ⅲ相試験，場合によってはⅡ相試験が完遂されないまま新薬を世に送り出さなければならないことも時に生じる．そのような場合は，市販後に有効性・安全性を確認する様々なプログラムが適用され，それらを総称してⅣ相試験と呼んでいる．ただし，市販後の医療現場で偏りのない情報を得るのには，2重盲検化およびランダム化の困難さから，限界があることに注意する必要がある．

統計学はⅢ相の許認可判定のみならず，新薬開発の全過程で科学的決定のための道具として用いられる．とうてい見込みのない新薬開発を10年も引っ張ったのでは，人的，経済的損失が計り知れない．ある段階のデータによっては早めに開発を中止することも必要なのである．

ランダム割り付け

公平な比較のためにランダム化が必要なことについては，英国夫人の紅茶飲み比べ実験で第1章に述べた．臨床試験においても，被験薬（新薬）および対照薬への患者の割り付けに作為があってはならない．たとえば，

医師が被験者の状態を観察して，効きそうな人に新薬を割り当てる'患者選択'は許されない．また治験は，効果の判断に恣意性が入り込まないよう，医師と被験者の双方ともどちらの薬が処方されているかわからないように実施される．これは2重盲検化と呼ばれる．

なお，第5章で紹介したタミフル誤解析はまさにランダム割り付けでないデータを，ランダム化2群比較データとして解析し，研究班が実際に陥った誤りである．

プラセボ対照

対照薬としては，とくに日本では定評のある実薬が用いられることも多いが，より明確に差を検出するために可能な場合はプラセボも推奨されている．プラセボとは日本語では偽薬と称し，実薬と見かけ上区別のつかないように作られた薬理成分をまったく含まない対照薬のことである．

薬と称してプラセボを処方するとそれが効いてしまう確率が場合によっては30%もあると言われ，プラセボ効果と呼ばれる．2重盲検化は，プラセボ効果で実薬とプラセボの差が増長されることを避けるためでもある．いやしくも新薬はプラセボ効果に優越する効果を持たなければならない．治験に参加すると，新薬に当たれば従来経験のない優れた効果の恩恵に浴する可能性があると同時に，未知の副作用に晒される危険性もある．また，2分の1の確率で結局はプラセボを処方される可能性もある．

臨床試験は，いくら科学のためとはいいながら，このように非人道的と捉えられても仕方のない側面を持っている．治験担当医師は新薬に期待される薬効と併せて，これらの不利益についても十分説明し，文書にて患者の同意を得なければならない．これがインフォームド・コンセント (informed consent) である．このような倫理的配慮は臨床試験において避けて通れない問題である．

多重性問題

1980年代半ば，わが国から米国 FDA (Food and Drug Administration, 米国食品医薬品局)への新薬許認可申請がことごとく却下されるというセンセーショナルな事件が勃発した．偽陽性をもたらす様々な多重性を無視した解析が咎められた結果であったが，当時日本はその問題について皆目無知であった．

ここで偽陽性とは，さして有用性のない新薬を，様々な後知恵解析であたかも有用であるかのごとく見せることをいう．その原因として，多種検定，事後層別解析，経時測定データの中間解析，順序分類データ尺度合せ，多重比較などが挙げられる．

多種検定 多種検定とは一組のデータに幾つもの検定法を適用し，その中で最も自分に好都合な解析結果を採用することである．唯一の真理を探究する数学・物理学と異なり，データ解析は手法によっていかような答えをも出し得る．とくにデータを見てから都合のよい手法を選択するのでは科学性がないことは初学者にも明白である．現在は臨床試験の計画に当たって，少なくともデータを見る前に，適用する統計手法を宣言することが要求される．

事後層別解析 事後層別解析は英国の生物統計学者アーミテージ教授が最も awkward な多重性問題と称している．これは新薬の全体としての有効性を証明するのに失敗したときに，たとえば年齢，性別，地域などの層別解析を試み，事後的に発見したある狭い層(たとえば，石川県在住50代の女性)に限って有効性を主張するものである．解析者としては，全体では有効性が示されず，様々な層別解析を繰り返してようやく発見した特徴であると主張したいところだが，それには科学性がない．特別な集団に対してのみ有効な薬というのももちろんあり得るが，それはこのような事後解析ではなく，それを仮説とした別の臨床試験で改めて検証する必要がある．

このようにあらかじめ想定された仮説ではなく，事後的に見出された仮説を主張するのは後知恵解析と呼ばれる．第7章で煙草メーカーがこれを逆手に取った社会問題を紹介した．後知恵解析については，日本陸軍が脚気予防のために麦飯を採用しようとした際に，森林太郎（森鷗外，1862-1922）が科学的検証を求めた逸話が興味深い．

脚気撲滅の功績でビタミンの父と呼ばれる高木兼寛（1849-1920）の提唱により，日本海軍は1884年にパン，後に麦飯を採用し，脚気患者発生が激減した．これを見て陸軍でも麦飯を採用し好結果を得たが，当時ドイツ留学中の森の反対により正式な麦飯採用は見送られた．森は「麦飯採用に続き脚気の消失をみたのは事実としても，直ちに麦飯に効果ありというわけにはいかない（中略）兵団を2群に分け，一方に米を他方に麦を与え，同じ生活，訓練のうえ，米飯群には脚気が認められるが麦飯群には認められないというのでなければ，因果関係の議論に正当性がない」と主張したというのである（竹内啓（編），1989）．この一件に限れば麦飯の有効性は正しかったが，森鷗外の科学者としての毅然とした態度は興味深い．ただし，これを受けて実際に検証実験が行われたか否かについて筆者は知らない．

経時測定データ　たとえばコレステロール低下剤の場合，治験期間が6箇月あり，途中1箇月ごとにコレステロール量が測定される．このとき1箇月ごとに被験薬と対照薬の差の検定を繰り返し，一番効果の優れた時点のみの結果で被験薬の優位性を主張すれば偽陽性を生じるのは明らかだろう．6箇月を通した効果の推移パターンを正当に評価することが求められ，プロファイル解析と呼ばれる．プロファイル解析の例は第10章，11章で述べる．

順序分類データ尺度合せ　順序分類データ尺度合せの問題もこれに類似している．表18はⅡ相試験の実例である．これはプラセボと2通りの用量水準，AF3とAF6，の比較なので3群比較の例になる．しかもこれら3群には用量という自然な順序があり，その順序に応じた効果が期待され

表 18 第Ⅱ相用量設定試験における順序分類データ

薬剤	有効性						合計
	1 劣悪	2 やや無効	3 無効	4 やや有効	5 有効	6 きわめて有効	
プラセボ	3	6	37	9	15	1	71
AF3	7	4	33	21	10	1	76
AF6	5	6	21	16	23	6	77

表 19 有効性を可能な分点で切断し集計し直した 5 通りの表

薬剤	有効性									
	1	2~6	1, 2	3~6	1~3	4~6	1~4	5, 6	1~5	6
プラセボ	3	68	9	62	46	25	55	16	70	1
AF3	7	69	11	65	44	32	65	11	75	1
AF6	5	72	11	66	32	45	48	29	71	6

⇓ $\chi^2=1.468$　⇓ $\chi^2=0.119$　⇓ $\chi^2=8.584$　⇓ $\chi^2=11.306$　⇓ $\chi^2=6.071$

るため,それを考慮した特別な3群比較が望まれる.

一方,効果も順序分類データで与えられ,それを考慮した解析をしなければならない.ここで尺度合せとは,**表 19** のように列の(1)と(2~6),(1, 2)と(3~6),…,(1~5)と(6),というように5通りのデータに作り直し,それぞれ検定して都合のよい結果を採用することをいうが,なぜそういうのかについては筆者も知らない.

このような順序分類データの解析については様々な手法が提案されているが,初学者にとっては有効性を適当な分点で切断してその上下カテゴリをそれぞれ併合し,いわば良否の2項データに転換するのが簡単ということであろうか.

ちなみに,5通りの3×2分割表について,第2章の適合度 χ^2 (2.5)なら簡単に計算できて表19下に書いたようになる.この例では,やや有効ま

で(1〜4)と有効以上(5, 6)で分けた場合に最大の χ^2 値 11.306 が得られ，用量群の間に差が示唆される．しかし残念ながらこの χ^2 値を無邪気に自由度 2 の χ^2 分布で評価するのは典型的な後知恵解析であり，避けなければならない．事後的に，5 通りの χ^2 値を比べて，その最大を取っているのだから評価尺度を変えないといけないのである．つまり，5 通りの χ^2 統計量の最大値の分布を導入して評価することが必要になる．したがって，この解析は簡単どころか，じつは特別な計算を要し，かえって難しいのである．ただし今ではその解析プログラムが整備され，直観的意味が分かりやすいばかりでなく順序効果を検出する有効な方法となってきている．

なお，表 19 で χ^2 統計量を計算している 5 個の補助表は，有効性の水準 $1, 2, \cdots, 5$ に応じて出現頻度の累積和を構成していることに注意して欲しい．たとえば 2 番目の補助表では有効性を下から 2 段階プール，3 番目の補助表では 3 段階プールしている．このように，順序に応じたトレンド検定のための χ^2 統計量を累積和に基づいて構成するのは，日本で発展したきわめて有効な方法であり，そのアイディアは次の第 9 章でも用いられる．

ところで，この臨床試験の本来の目的は，最適用量水準の決定である．ここまでの考察はその問いには答えていない．そこで本来の 3 用量比較の問題に答えるために，次の多重比較に進もう．

多重比較 たとえば 3 用量を比較する場合に，3 通りの 2 群比較(たとえば，プラセボ対 AF3，プラセボ対 AF6，AF3 対 AF6)を繰り返すことをいう．しかしながら，単純に 2 群比較の検定方式を繰り返すと，3 群比較としての有意水準が無意味になり偽陽性が増長するのは当然である．初学者はどうしても簡単な 2 群比較から学習する．そこで，いきなり 3 群比較の問題を与えられると 2 群比較を繰り返したくなるのを責めるのは，ほとんど酷というものであろう．

しかし現実には，有意水準を厳密に保つ多群比較の方法が要求され，

それに応えるのが多重比較法である．チュウキーのすべての2群比較は1940年代，シェッフェのすべての処理差に対する多重比較法は1950年代，ダネットの処理と対照の多重比較法は60年代，そして70年代にはウィリアムスやマーカス他の多重比較法，さらに先駆的な竹内啓の多重決定方式が発表されていたにも拘わらず，当時の日本にはいまだこれらの考えが浸透していなかった．そのため，医師，製薬メーカーおよび行政から連日多くの質問を受けたのが，そもそも筆者がこの分野に足を踏み入れた原点である．

許認可で用いられる統計的方法には一定の方式が求められ独創的な方法は使いにくいという事情はあるにせよ，現場はもっと科学の進展に敏感であって欲しいし，一方，科学の側は新しい成果を積極的に現場に導入する努力をすべきであろう．

さて，この例では用量間に順序があり，どの用量から上が有効であるかが問われている．つまり，列の順序応答にレスポンスが大きく変わる変化点を探したように，有効性が大きく変化する用量水準の変化点が見つかればよい．臨床的には安全性を考慮して，有効と見なされる用量の中で最小用量を取ればよい．

そこで表19をさらに，(プラセボ) 対 (AF3&AF6)，および (プラセボ&AF3) 対 (AF6) と累積和に基づいて集計し直す．すると今度は，2×5=10通りの2×2分割表ができる．たとえば，表19の4番目の集計表についてこれを行うと**表20**のような二つの2×2分割表ができ，それぞれの表に，たとえば式(3.1)を適用すると適合度 χ^2 が表に示した通りに得られる．このうち，用量をAF3とAF6の間，反応をやや有効以下と有効以上で分けた場合の $\chi^2=10.033$ が10個の適合度 χ^2 全体の最大値である．これをうっかり2×2分割表の χ^2 だからといって自由度1で評価すると超高度に有意な結果ということになるが，これで鬼の首を取ったように喜んではいけない．これでは10通りの χ^2 値から選び抜かれた強者を正当に評価できていない．ここで数理的に最大値の分布を求めることがで

表20　表19をさらに用量の2分点で分け集計し直した表

薬剤	有効性 1〜4	5, 6	χ^2	薬剤	有効性 1〜4	5, 6	χ^2
プラセボ	55	16	0.3368	プラセボ&AF3	120	27	10.033
AF3&AF6	113	40		AF6	48	29	

き，それによると両側確率 0.014 となる．大分値引きはされるが，有意水準 0.05 で有意差が確認され，AF6 はそれ以下の用量に対し，有効以上の割合が高いことが証明される．

このように様々な分割を試して最大の χ^2 値を探索すること自体は後知恵解析でも何でもない．探索のプロセスを正しく勘案して，正当な有意確率を計算すればよいのである．探索の結果である最大 χ^2 を，無邪気に自由度 1 の χ^2 分布で評価することが偽陽性を招く後知恵解析なのである．

非劣性(同等性)検証

非劣性(同等性)検証は第Ⅲ相臨床試験であらわにされた問題である．薬には薬効のほかに様々な側面がある．たとえば服用間隔，保存の安定性，薬価などなどである．昔の抗生物質のように 4 時間おきに服用するのと，現在の 1 日 2 回服用では有用性に大きな差がある．そこで，現在使われている薬に対し新薬にこれらのメリットがあれば，有効性に関しては優越性を要求することなく同等であればよいとする考え方は至極当然である．なぜなら同程度の有効性の場合に統計的優越性を証明するには，膨大な試験例数が必要になるからである．

ここで問題は，第 2 章で述べたように，統計的検定が本来有意差を示す目的で構成され，同等性を証明する統計的方法が存在しないということである．そこで，1980 年代に実際に行われていたのが，統計的検定を

行って有意差が示されないときに同等性を主張する,いわゆる NS 同等 (Non-significance Equivalence) である.

これに対してある非劣性検証法が提案されたが,それは簡単にいうと被験薬 (新薬) と実薬対照の有効率差 p_1-p_2 に対する信頼率 0.95 の信頼下限が -0.1 より大であればよいという方式であった.あるいは新薬の有効率に $+0.1$ のハンディキャップを与えた上で優越性を示すことを要求するハンディキャップ検定方式といってもよい.なぜなら,それは $(p_1+0.1)-p_2$ が正と言い換えてもよいからである.

なお,ハンディキャップは当初 0.05 が議論されたが,その程度では有効性のほぼ等しい薬剤をパスさせるのに優越性検証と同様,わが国では実施不能な例数が必要とされることが判明した.

ここで p_1-p_2 が -0.1 より大きいことを信頼率 0.95 で保証することは,決して有効率が 0.1 劣る薬をパスさせる方式ではなく,1 群 100 例くらいの臨床試験でほぼ標本有効率が等しい薬をパスさせる仕掛けになっている.

もちろんとてつもなく例数の大きな臨床試験を計画すれば,$p_2-0.1$ よりわずかに大きい p_1 をパスさせることも可能だが,そのようなことは想定されていない.もし実際にそのような試験が実施されたら,非劣性の規準はクリアするものの,同時に有効率が既存薬に対し 0.1 程度劣ることが確実に証明されてしまう.さらに p_1-p_2 の信頼区間を構成すると,下限は -0.1 をクリアするものの,同時に上限が 0 を大幅に下回り同等性からほど遠いことが明らかになる.そのような薬は誰も使うことがないだろう.

この方式はハンディキャップを 0.1 に上げたおかげで最初非常に緩い方式と受け止められたが,実際はそれでもなおかなりの例数を必要とする方式であったため,従来の甘い方式に慣れた製薬メーカーと規制側との間で壮烈なバトルが生じた.メーカーの担当者を理論的根拠で説得するのは難航をきわめたが,最終的にそのバトルに決着をつけたのは,もし NS 同等

表 21　肺炎に関する第Ⅲ相臨床試験

薬剤	有効性		計
	有 効	無 効	
被験薬	39	18	57
対照薬	45	14	59
計	84	32	116

でよいのなら，例数の少ないずさんな検定を実施することにより簡単に証明できるという一言であった．そもそも統計的検定は有意差を示すために必要な例数を確保し，慎重に実験を進める(第 1，4 章)．さすがにこれはおかしいと納得してくれたのである．

それにしてもこのバトル以前に同等と見なされ，認可された薬には，既存薬に対し有効率で 0.2 以上劣っていることが否定できない薬も含まれ，じつに恐ろしいことが行われていた．NS 同等でよいなら，例数の少ない試験で，そのように劣った薬でもはじかれずにパスしてしまうのである．拙著(1992)の表 12.1 (または(2004)の表 11.1)に当時 NS 同等で認可された 10 個の新薬が掲載されているが，そこから**表 21** に 1 例を掲載しよう．

このデータに第 3 章の計算式のどれでもよいので適用すると $\chi^2 = 0.89$ が得られ，これは自由度 1 の χ^2 分布の上側確率 0.05 点，3.84 と比べて確かに有意ではない．これで当時は NS 同等として認可されてしまったのである．

ところで第 4 章で述べたように，この検定と同じことは信頼区間を構成してもできるはずなのでそれを試みてみよう．今，被験薬の有効率 p_1，対照薬の有効率 p_2 に関して，有効率差 $p_1 - p_2$ の信頼率 0.95 の信頼区間が構成できればよい．そこで，被験薬の有効数を y_1，対照薬の有効数を y_2 として，それぞれに 2 項分布 $B(n_1, p_1)$ および $B(n_2, p_2)$ を想定する．

2 項分布は式(6.4)で導入し，そこでは確率の計算だけ行った．ここでは正規近似のために平均と分散が必要なので求めておこう．その計算は式

(3.7)で超幾何分布に対して行ったのと同じ，文字の置き換えだけで済む．まず，y に 2 項分布 $B(n,p)$ の確率を掛けた式は

$$y \times \frac{n!}{y!(n-y)!} \times p^y(1-p)^{n-y} = \frac{n \times n'!}{y'!(n'-y')!} \times p \times p^{y'}(1-p)^{n'-y'}$$

$$= \binom{n'}{y'} p^{y'}(1-p)^{n'-y'} \times np \qquad (8.1)$$

と変形できる．ここで式(3.7)と同じく，n' と y' はそれぞれ n および y から 1 を引いたものである．すると式(8.1)は np を除いた項が 2 項分布 $B(n',p)$ の確率を表しているから，y' について足した結果は 1 になる．つまり，y の期待値は np ということになる．分散の計算はもう少し複雑だが，基本的アイディアは同じで，結果は $np(1-p)$ となる．この結果から p の推定量 $\hat{p}=y/n$ の期待値は p，分散は $p(1-p)/n$ となる．この推定量は標本有効率にほかならず，じつは p の最小分散不変推定量である．

これで準備が整ったので，有効率差 p_1-p_2 の推測に進もう．まず差の点推定値は標本有効率差によって

$$\widehat{p_1-p_2} = \hat{p}_1-\hat{p}_2 = \frac{39}{57} - \frac{45}{59} = 0.6842 - 0.7627 = -0.0785 \qquad (8.2)$$

と得られる．これを規準化するための分散は $p_1(1-p_1)/n_1$ と $p_2(1-p_2)/n_2$ の和であるが，区間推定は帰無仮説 $H_0: p_1=p_2$ の下で行うので共通の有効率を p と置いて

$$V = \left(\frac{1}{n_1} + \frac{1}{n_2}\right) p(1-p) \qquad (8.3)$$

が分散である．ここで全データを使って p を $\hat{p}=(y_1+y_2)/(n_1+n_2)$ で置き換えて推定すればよい．以上から推定値(8.2)を規準化するための分散の推定値は

$$\hat{V} = \left(\frac{1}{57} + \frac{1}{59}\right)\left(\frac{39+45}{57+59}\right)\left(1 - \frac{39+45}{57+59}\right) = 0.006890$$

と得られる．これで有効率差の推定値に対する標準偏差 $\sqrt{\hat{V}}=\sqrt{0.006890}=0.0830$ が得られたので，有効率差の信頼率 0.95 の信頼区間は正規近似により

$$-0.241 = -0.0785-1.96\times 0.0830 \leq p_1-p_2$$
$$\leq -0.0785+1.96\times 0.0830 = 0.084$$

と得られる．つまり，有効率で 0.24 も劣っている可能性が否定できないにも拘わらず，信頼区間が 0 を含んでいるために NS 同等と見なされてしまったのである．昔は例数が小さいことにより，このように幅広い信頼区間が 0 を含むことによってパスしてしまったというわけである．

面白いことに差の推定値 -0.0785 を標準偏差 $\sqrt{\hat{V}}=0.0830$ で規準化して二乗すると，

$$(-0.0785/0.0830)^2 = 0.89$$

となって適合度 $\chi^2=0.89$ と一致する．つまり，この方式は 2×2 分割表の χ^2 統計量を計算する第 4 の方法を与えている．

ところで，適合度 χ^2 を導くのに第 2 章では総数 $n=y_{..}$ を与えた多項分布，第 3 章では行和 $y_{i\cdot}$，列和 $y_{\cdot j}$ を与えた超幾何分布，そしてここでは $n_i=y_{i\cdot}$ を与えた 2 項分布を想定している．このように 2 次元分割表でサンプリング方式によらず同じ適合度 χ^2 が得られるのは極めて興味深い．これは数理的に，いずれの場合も行和，列和を与えた条件付分布に帰着させているためだが，詳細は省略する．一方，第 5 章，6 章はサンプリング方式を考慮しないと重大な誤りを犯す例になる．

ここで表 21 の第Ⅲ相試験に戻って同じように信頼区間を計算すると

$$-0.008 = 0.1073-1.96\times 0.0588 \leq p_1-p_2$$
$$\leq 0.1073+1.96\times 0.0588 = 0.222$$

のようになる．この信頼区間は十分右側（正側）にシフトしているが0を含み，検定は有意にはならないので優越性は言えない．一方，非劣性の規準 −0.1 はクリアしているので，非劣性だけを主張することができる．

しかし筆者は，優越性 ($p_1 - p_2 > 0$) と非劣性 ($p_1 - p_2 \geq -0.1$) の間に同等以上 ($p_1 - p_2 \geq 0$) というランクがあってもよいと考えている．そこで，現在の非劣性検証方式と矛盾しないように多重決定方式を適用すると，この例では同等以上がいえる．この試験の達成度は優越性まではいえないとしても，同等以上は主張してもいいように思えるがどうだろう．

なお，非劣性検証の考え方は NS 同等を廃止するのに大いに貢献したが，ハンディキャップの大きさ（非劣性マージン）は数学理論ではなく，あくまで技術的観点から決まり，+0.1 というのはあくまで一つの目安である．分野による相違もあり，未だ議論が続いているようである．

一方，さらに重要なのは対照薬の選定である．さして有効性のない対照薬に対する試験で，有効性の乏しい実薬がパスすると，それを対照薬としてさらに劣った薬がパスするという負の連鎖が起こりかねない．とくに昔は NS 同等がまかり通っていたのでなおさらである．

かつて効果の不確かな対照薬（通称ホパテ）と同等と見なされることにより，効果の不確かな薬が次々と認可された例として脳循環代謝改善薬がある．2年間にわたるプラセボ対照再評価試験の結果まったく効果が認められなかったとして，1998年に同分野4種の薬が一斉に承認取り消しとなったのは真にショッキングな事件だった．このような事が繰り返されてはならない．

2標本 t 検定

2項分布の2標本問題を述べたついでに，第6章で触れた2標本 t 検定について簡単に書いておこう．正規母集団 $N(\mu_1, \sigma^2)$ に従う n_1 個のデータ $y_{11}, \cdots, y_{1n_1}$ と $N(\mu_2, \sigma^2)$ に従う n_2 個のデータ $y_{21}, \cdots, y_{2n_2}$ に基づい

て平均の差 $\mu_1-\mu_2$ の大きさを推論する問題である．分散については違いのないこと(等分散性)が仮定されている．

まず，2項分布の場合の標本有効率差 $\hat{p}_1-\hat{p}_2$ に対応して，$\hat{\mu}_1-\hat{\mu}_2=\bar{y}_{1\cdot}-\bar{y}_{2\cdot}$ を基本とすることに異存はないだろう．ただし，$\bar{y}_{1\cdot}$, $\bar{y}_{2\cdot}$ はそれぞれの群平均である．第1章で平均を $\bar{y}_{\cdot}$ ではなく，単に $\bar{y}$ で表したのは，1標本の場合はどの添え字に関する平均であるかを示す必要がないからである．この分散は第1章で述べたことから

$$V = \left(\frac{1}{n_1}+\frac{1}{n_2}\right)\sigma^2$$

である．つまり，式(8.3)の $p(1-p)$ と σ^2 が対応する．分散 σ^2 は式(4.3)を2母集団のケースに拡張して次式で推定すればよい．

$$\hat{\sigma}^2 = \frac{\{(y_{11}-\bar{y}_{1\cdot})^2+\cdots+(y_{1n_1}-\bar{y}_{1\cdot})^2\}+\{(y_{21}-\bar{y}_{2\cdot})^2+\cdots+(y_{2n_2}-\bar{y}_{2\cdot})^2\}}{n_1-1+n_2-1}$$

ここで，$\bar{y}_{1\cdot}-\bar{y}_{2\cdot}$ の規準化統計量を作り，σ^2 に $\hat{\sigma}^2$ を代入すると自由度 $\varphi=n_1+n_2-2$ の t 統計量ができ，それに基づく検定が2標本 t 検定である．ここでは信頼区間だけ示しておこう．

$$\mu_1-\mu_2 \sim \bar{y}_{1\cdot}-\bar{y}_{2\cdot} \pm t_{\alpha/2}(n_1+n_2-2)\times\sqrt{\left(\frac{1}{n_1}+\frac{1}{n_2}\right)\hat{\sigma}^2}$$

なお，第6章で紹介した米代表団の2標本 t 検定は，本来正規分布に従う変数に対する方法をそのまま計数データに適用したもので，あまり筋のよいものではなかった．

さて，このように書いてくると，臨床試験が，同一条件で繰り返し実験を行い，均一なサンプルを取ることが容易な工場実験などとはずいぶん異なっていることが分かると思う．まったく同じ人間などいないし，同じ病気でも症状は患者ごとに異なるから，基本的に同一条件での繰返しはあり得ないし，地域的な広がりもある．時間的にも，通常2年くらいで患者の組入れを行うし，骨粗鬆症やある種の癌では，一人の患者につき何年も

臨床経過を観測するじつに長大な臨床試験が計画される．いきおい，用いられる統計手法にも場合に応じて様々な考慮が必要ということになる．筆者が初期の統計的品質管理から転じて，長年医学・薬学データ解析を専攻しているのも，まさにその難しさゆえである．

　今，様々な分野でEB (Evidence Based)が叫ばれている．医薬分野のEBM (Evidence Based Medicine)も然りで，1990年代初頭のある論文が契機といわれている．筆者は，EBとは直観から科学への転換と解釈している．この解釈でよければ，1980年代半ばの多重性，およびNS同等論争こそが日本のEBMの先駆けではなかったかと思われる．

　なお，第Ⅲ相試験は実際の臨床現場をよく反映しなければならないと述べた．最近は厳密な科学的臨床試験とは別に，より実際の臨床現場に近い様々な情報源を利用する臨床研究の試みが進んでおり，Pragmatic Clinical Trial (実際的臨床試験)と呼ばれている．Pragmatic TrialをRigid Trialと併せてどう活用するかが今後の課題となるであろう．

9. 職業により初診時癌重症度は異なる？

この章では筆者の研究室に，当時東大病院でアルバイトをしていた他の研究室の後輩が持ちこんできたデータ(**表22**)の解析を示す．そこでは，国立がん研究センターを訪れた11908名の患者が初診時癌重症度と従事する職業によって2重分類されている．このデータについて，職業により初診時重症度に違いがあるか否かが興味の対象である．

職業と初診時癌重症度の2元表

このデータは分割表の種類でいえば行が要因，列が順序応答の場合であり，職業間で重症度に差があるか否かを論じればよい．そこで，第2章の適合度 $\chi^2=95.75$ を自由度18の χ^2 分布で評価し，超高度に有意な結果を返すのはたやすかったが，それでは職業群によって重症度に差があるというだけで何の面白味もなく，せっかく頼りにされた甲斐がない．

なお，表22の括弧内は独立モデルを当てはめたときのセル度数推定値で，データと大きく食い違っていることが見てとれる．それが大きな適合度 χ^2 値を与えた理由である．

しかし，このようにある程度大きな分割表では，適合度 χ^2 によって総括的に高度な有意性が証明されても，それは単に職業によって重症度に差があるという以上の情報はもたらさない．たとえば表18のデータでいろいろ試みたような多重比較による検討が必要である．

表 22　職業別に分類した国立がんセンター初診時癌重症度
（括弧内は独立モデルを当てはめたときのセル度数推定値）

職　業	重症度			計
	1. 軽度	2. 中度	3. 重度	
1. 専門的・技術的職業 　（技術者，教員，医師など）	148 (123.3)	444 (473.9)	86 (80.8)	678
2. 管理職	111 (93.1)	352 (357.9)	49 (60.0)	512
3. 事務専従者 　（会計事務，タイピストなど）	645 (524.6)	1911 (2015.7)	328 (343.7)	2884
4. 販売従事者	165 (191.9)	771 (737.4)	119 (125.7)	1055
5. 農林，漁業，採鉱従事者	383 (458.9)	1829 (1763.4)	311 (300.6)	2523
6. 運輸，通信従事者	96 (79.3)	293 (304.7)	47 (52.0)	436
7. 技能士 　（製鉄工，自動車修理工など）	98 (223.4)	330 (858.3)	58 (146.3)	486
8. 生産工程従事者，単純労働者	199 (223.4)	874 (858.3)	155 (146.3)	1228
9. サービス業	59 (52.4)	199 (201.3)	30 (34.3)	288
10. 無　職	262 (330.7)	1320 (1270.7)	236 (216.6)	1818
計	2166	8323	1419	11908

行の多重比較

このデータに関して，当時癌は大変怖い病気とされ，企業などでその疑いありとされると，国立がんセンターで精密検査を受けるのが通例であった．したがって，職業による差は所属する企業における癌早期発見システムの差によるものと推測された．そうであれば，初診時癌重症度の低い企業と高い企業には特徴があるに相違ない．

そこで思いついたのが，重症度プロファイルによって職業を分類するこ

とであった．それは，列(重症度)の反応パターンに基づく，行(職業)の多重比較にほかならない．それに有用なのが，累積和をもとに規準化した行比較の統計量

$$\chi^2(i; i') = y_{..} \left(\frac{1}{y_{i\cdot}} + \frac{1}{y_{i'\cdot}} \right)^{-1}$$
$$\times \sum_{l=1}^{b-1} \left\{ \left(\frac{1}{y_{\cdot 1} + \cdots + y_{\cdot l}} + \frac{1}{y_{\cdot l+1} + \cdots + y_{\cdot b}} \right) \right.$$
$$\left. \times \left(\frac{y_{i1} + \cdots + y_{il}}{y_{i\cdot}} - \frac{y_{i'1} + \cdots + y_{i'l}}{y_{i'\cdot}} \right)^2 \right\} \quad (9.1)$$

である．つまり，適合度 χ^2 による総括的な連関分析に替えて，行単位の多重比較を行おうというわけである．ただし，y_{ij} は第2章に倣って (i,j) セルの出現度数であり，式(9.1)を職業 i と i' の間の χ^2 距離と呼ぶ．

また，$\sum_{l=1}^{b-1}$ は式中の l に $l=1,2,\cdots,b-1$ を順に代入し，足し合わせることを意味し，この例では $b=3$ である．したがって式(9.1)は第 l 列までの累積和をベースに職業 i と i' の差を表す規準化統計量の二乗和を構成していることになる．それは重症度に応じた違いを感度よく検出するためであり，列が単なる分類属性でこのような順序が存在しない場合は，通常の χ^2 ベースで考えればよい．

第2章で，対立仮説として帰無仮説の単なる否定ではなく，特別な構造を仮定することもあると述べた．このように列の順序効果を想定する指向性検定はその一つの例である．この後，第10章，11章でも交互作用に関する指向性検定が紹介される．

さて，式(9.1)を適用して得られた χ^2 距離を，距離の小さい職業同士は近くに，大きい同士は遠くに配置して整理すると**表23**が得られる．これにより職業は明確に2群 G_1 (4, 5, 8, 10) および G_2 (1, 2, 3, 6, 7, 9) に分類された．各群内の χ^2 距離は高々2.5止まりである一方，群をまたいだ場合の χ^2 距離は概ね大きく，3.事務専従者と10.無職との間で最大50.1にも達する．

表 23 職業間の χ^2 距離

列	10	5	4	8	7	9	2	1	6	3
10	0	0.85	2.52	1.67	8.93	7.72	18.6	18.3	15.3	50.1
5		0	0.88	0.65	6.86	5.79	15.2	15.9	12.5	47.8
4			0	1.10	4.71	3.73	9.41	11.4	8.51	23.5
8				0	3.83	3.95	10.5	9.29	8.35	23.2
7					0	0.41	1.71	0.68	0.82	1.48
9						0	0.30	1.24	0.30	0.85
2							0	2.7	0.35	1.48
1								0	0.92	1.01
6									0	0.16
3										0

ここで，職業アイテム間の χ^2 距離 $\chi^2(i;i')$ は群間の χ^2 距離 $\chi^2(G_1; G_2)$ に拡張できる．具体的には G_1 に含まれる職業と，G_2 に含まれる職業をそれぞれ併合して，2×3 分割表とした上で，式 (9.1) を適用すればよい．2 群に併合した後だから $i=1$, $i'=2$ と考えればよく，この例では $\chi^2(G_1;G_2)=90.96$ となる．均一な職業群をそれぞれ併合し例数が増えた結果，大きな χ^2 距離となっている．

もちろんこの 2 群間 χ^2 は様々に差の大きそうな組合せを探索した結果であり，単純に自由度 2 の χ^2 分布で評価するわけにはいかない．しかし現在はこれを正当に評価する理論ができており，この結果は高度に有意である．

累積 χ^2 と最大 χ^2

冒頭，適合度 χ^2 を示したが，この例ではトータルの χ^2 も列の順序を考慮した累積 χ^2 (χ^{*2} と表す) のほうがより適切である．χ^{*2} の計算には表 22 の重症度を分割併合し，(軽度) 対 (中度 & 重度) の 10×2 分割表，および (軽度 & 中度) 対 (重度) の 10×2 分割表を作成する．それぞれに対

する適合度 χ^2 を計算し,$\chi^2(1;2\&3)$,および $\chi^2(1\&2;3)$ と表記する.これは第 8 章の表 19 ですでにやっており,今の例では $\chi^2(1;2\&3)$=91.25,$\chi^2(1\&2;3)$=8.39 が得られる.この合計 χ^{*2}=91.25+8.39=99.64 が累積 χ^2 統計量にほかならない.

第 8 章では表 18～20 に関連して累積和に基づく χ^2 成分の最大値に注目した.じつはそれら成分の総計 χ^{*2} も増加傾向に対する総括的検定統計量としてたいへん有用なのである.累積 χ^2 に対し,最大成分のほうは最大 χ^2 と呼ばれている.

累積 χ^2 の有意確率評価には当初適合度 χ^2 と同じ自由度 (10−1)(3−1)=18 の χ^2 分布が使われていた.実際,成分である二つの χ^2 統計量は,独立性の帰無仮説の下でそれぞれ自由度 9 の χ^2 分布に従う.独立な二つの χ^2 統計量なら,その和は自由度を足した χ^2 統計量になる.しかしこの場合は,補助表の構成の仕方からいって,二つの成分が独立ではない.現在は,χ^{*2} は自由度を調整した χ^2 統計量の定数倍 $d\chi^2_\varphi$ でよく近似されることが分かっている.

定数 d と自由度 φ は一般の $a \times b$ 分割表の場合に,次式で求めればよい.

$$d = 1 + \frac{2}{b-1}\left(\frac{\gamma_1}{\gamma_2} + \cdots + \frac{\gamma_1+\cdots+\gamma_{b-2}}{\gamma_{b-1}}\right), \quad \varphi = \frac{(a-1)(b-1)}{d}$$

ただし,γ_j は元の分割表の列和 $y_{\cdot j}$ から $\gamma_j=(y_{\cdot 1}+\cdots+y_{\cdot j})/(y_{\cdot j+1}+\cdots+y_{\cdot b})$ のように求められ,今の例では

$$d = 1 + \frac{2}{b-1}\left(\frac{\gamma_1}{\gamma_2}\right) = 1 + \frac{2}{3-1}\left(\frac{2166}{8323+1419}\Big/\frac{2166+8323}{1419}\right) = 1.030,$$

$$\varphi = \frac{(10-1)(3-1)}{d} = 17.476$$

となる.そこで χ^{*2}/d=99.64/1.03=96.74 を自由度 17.476 の χ^2 分布で評価すればよい.p 値は 5×10^{-13} となるが,さすがに近似の精度はそこまで高くない.超高度に有意であるという結論に留めるのがよい.

この例では，近似自由度 φ は適合度 χ^2 の自由度 18 とあまり変わらない．それは表 22 で症例が中度に集中しているためである．もし，各重症度が均等な例数なら，φ は 14.4 となる．一般に累積 χ^2 は元の χ^2 より自由度が小さくなり，そのことが指向性検定としての特性を向上させる．

なお，2 群に集約した $\chi^2(G_1; G_2)=90.96$ は全体の $\chi^{*2}=99.64$ の 91.3% を占める．すなわち，これら 2 群に併合した，群 G_1 内，および G_2 内は均一と見なしても職業の変動の情報はほとんど失われない．なお，この累積 χ^2 は自由度調整を除けば田口氏による独創的な累積法の統計量にほかならない．一方，累積 χ^2 は現在極めて一般化されており，この後受動喫煙データ (3 元表) への応用について述べる．

次に，$\chi^2(1; 2\&3)$，および $\chi^2(1\&2; 3)$ を比べることにより，重症度の併合可能性を検討することができる．大きいほうの $\chi^2(1; 2\&3)$ (つまり最大 χ^2) の有意性は，相関のある複数 (ここでは二つ) の χ^2 統計量の最大値として評価されなければならない．評価式はやや複雑なので省略するが，$\chi^2(1; 2\&3)=91.25$ が超高度に有意となる．ここで併合された中度と重度の差を表す χ^2 はきわめて小さく，列も 2 群 $H_1(1)$ と $H_2(2,3)$ に集約されることが分かる．

表 22 の解釈

結局，このデータは**表 24** のように集約され，職業と重症度の相関に関する情報はほとんど失われない．すなわち，元の 10×3 分割表の替わりに，この 2×2 分割表で職業の変動を理解すればよい．ここで表 24 右のサブタイトル '独立性からの乖離' とは，分割表の各要素を独立性を仮定したときのあてはめ値 $y_{i\cdot} \times y_{\cdot j}/y_{\cdot\cdot}$ で割ってできる指標である．この値の大きいセルは独立性から上方に外れ，小さければ下方に外れることを意味し解釈がしやすい．特異性を把握するための手軽な指標として勧められる．

表 24 はグループ G_1 が特異的に H_1 (軽度群) の頻度が高いことを示して

表 24 行，列をそれぞれ 2 群に集約した表，および独立性からの乖離を表す指標

群	集約した表		独立性からの乖離	
	$H_1(1)$	$H_2(2,3)$	$H_1(1)$	$H_2(2,3)$
$G_1\ (1,2,3,6,7,9)$	1157	4127	1.20	0.95
$G_2\ (4,5,8,10)$	1009	5615	0.84	1.04

いる．ちなみに，H_1 の相対頻度は G_1 では 1157/(1157+4127)=0.219，G_2 では 1009/(1009+5615)=0.152 であり，かなりの差がある．元の表に戻って個々の職業について軽度の相対頻度を求めると $G_1\ (1,2,3,6,7,9)$ に属する職業ではどれも 0.22 に近く，$G_2\ (4,5,8,10)$ に属する職業ではどれも 0.15 に近い．当初の予想通り，初診時癌重症度の高い群，低い群には特徴がみられ，とくに高い群に農林，漁業，採鉱従事者や無職が含まれることは注目に値する．

このデータはその後，この結果に興味を持った複数の研究者によって再解析され，繰り返し同様の結論が得られた．現在では，これらの経験を受けて，どの企業も癌早期発見のプログラムを用意し，また，市区町村主体の検診も整備され，受けたい人は誰でも気軽に受診できるようになった．もし読者の中に新しいデータを取れる立場の人がいたら，ぜひこのような調査をもう一度実施して欲しい．おそらく，このデータに見られたような職業による差はもう見られないだろうことを期待したい．

累積 χ^2 の受動喫煙データへの応用

第 7 章で簡単のため，非喫煙と 1 日 20 本以上喫煙を取り出して議論した．実は中間の 1 日 19 本以下も取り入れた解析にも，累積 χ^2 法が応用できる．それは 3 次元分割表への拡張になるが，まず，1 日 19 本以下と 20 本以上喫煙を併合した表から第 7 章の u_{MH} を計算し，その二乗を $\chi^2(1;\ 2\&3)$ とおく．次に非喫煙と 1 日 19 本以下喫煙を併合した表から同

様の計算をし，その二乗を $\chi^2(1\&2; 3)$ と置く．この合計 $\chi^{*2}=\chi^2(1; 2\&3)$ $+\chi^2(1\&2; 3)$ が累積 χ^2 に他ならない．この例では $\chi^{*2}=5.2582+5.4883=10.7465$ となる．この場合の χ^2 近似の定数の計算はやや複雑なので省略するが，p 値は 0.0068 となり，やはり高度に有意な結果が得られる．

シェークスピアの作品分類

面白いことに，筆者がこの多重比較法を発表したのと同じ頃，トロント大学のシュリバスタバ教授とワースレー教授が，同じように分割表の応答プロファイルによってデータを分類することを行い，興味ある結果を得ている．それを紹介しよう．

データは，シェークスピアによるとされている 38 作品(#1〜#38)について八つの代名詞(I, we, thee, thou, he, she, it, they)の出現頻度を調べた 38×8 分割表である．その分割表のセル度数の範囲は表 22 と同程度なので，全体として 10 倍程度の大きさである．

この例では列の水準にとくに順序がないので，通常の適合度 χ^2 統計量に基づいて分類した結果，作品の群分け I: #1〜#14，II: #15〜#23，III: #24〜#38 が得られたと報告されている．ちなみに，#14 (Winter's Tale) 以前の作品は #1 を除いてすべて喜劇であり，#15〜#23 (Richard the Third)，および #24 (Henry the 8th) はジャンルとしては歴史に分類されている．さらに，#25 以降は最後の三つを除いて悲劇に分類されている．

このように，純粋に統計的手法によって得られた結果が，シェークスピア研究者によるジャンル分類とよく対応するのはきわめて興味深い．計量国語学では，このように語彙の頻度を調べて，その特徴から未詳の作者を同定することも行われている．シュリバスタバ教授とはその後研究上の交流が生じ，今も続いている．

10. コレステロール低下剤Mは有効か？

　この章と次の章は経時測定データの話題を扱う．たとえば2種のコレステロール低下剤の効果を比較するのに，無作為に選んだ被験者に6箇月間投薬し，1箇月ごとに体内コレステロール量を測定する．このとき，コレステロール変化量の6箇月間を通した経時プロファイルをどう比べるかが問題である．これはなかなか難しく，この主題で1冊の本が書ける程である．

コレステロール量の経時測定データ

　表25はかつて当たり前のように後知恵解析が行われていた典型的な経時測定データである．実薬投与12名，プラセボ投与11名に対し，1箇月ごと6箇月間測定が繰り返されている．昔は毎月低下量の差の2標本t検定を繰り返し，都合のよいところを報告することが行われていた．しかしそれではFDA(米国食品医薬品局)に指摘されるまでもなく，まさに後知恵解析である．だからといって，初期値と最終値の差だけを議論するのでは何のために途中のデータを取ったのか分からない．

　このようなデータは血圧降下剤投与後の血圧推移など数多く見られる．この例について，まず，各被験者の推移を被験薬とプラセボ別にプロットしてみると図7のようになる．ただし，絶対レベルよりは改善，あるいは悪化といった変化に興味があるので，平均を差し引いた上，各時点の平均も0になるようにプロットしている．

表 25　コレステロール量の 6 箇月間の推移

薬剤	被験者	時期(月)					
		1	2	3	4	5	6
被験薬	1	317	280	275	270	274	266
	2	186	189	190	135	197	205
	3	377	395	368	334	338	334
	4	229	258	282	272	264	265
	5	276	310	306	309	300	264
	6	272	250	250	255	228	250
	7	219	210	236	239	242	221
	8	260	245	264	268	317	314
	9	284	256	241	242	243	241
	10	365	304	294	287	311	302
	11	298	321	341	342	357	335
	12	274	245	262	263	235	246
プラセボ	13	232	205	244	197	218	233
	14	367	354	358	333	338	355
	15	253	256	247	228	237	235
	16	230	218	245	215	230	207
	17	190	188	212	201	169	179
	18	290	263	291	312	299	279
	19	337	337	383	318	361	341
	20	283	279	277	264	269	271
	21	325	257	288	326	293	275
	22	266	258	253	284	245	263
	23	338	343	307	274	262	309

　二つの図に一見大きな差異はないように見えるが，よく見ると被験薬では下降(改善)，上昇(悪化)，平坦(不変)のような系統的推移を示した被験者が多いのに対し，プラセボではランダムな上下変動が多いようである．この場合，興味があるのはコレステロール量の単なる変化ではなく，まさに薬効に対応するこのような系統的変化である．系統的変化を感度よく捉える累積和統計量をもとに，正当な検定統計量を導く一つの試みはすでに第 8 章，9 章の順序分類データで紹介している．なお，図 7 のプロットで

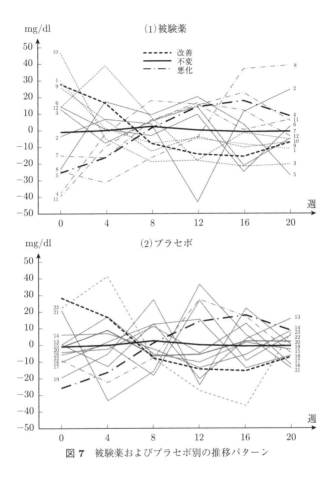

図 7　被験薬およびプラセボ別の推移パターン

は，後の解析によって明らかにされた改善を点線，不変を実線，悪化を一点鎖線で表し，区別している．太線は改善，不変，悪化群の平均を表している．

行の多重比較

ここではまず23人のレスポンス(応答)プロファイルを比較し,改善群,悪化群に分類することを考える.その後,被験薬とプラセボでどちらに改善者がより多いかを比べればよい.

そこで第9章の重症度順序の替わりに,ここでは被験者間の時間軸に沿った上昇・下降の差を検出できればよい.つまり第9章との違いはレスポンスが順序分類データの出現頻度か,ある時期の状態を表す正規分布に従う変数であるかだけである.

具体的に被験者iとi'の差は時間順序に沿った累積和に基づいて,次式のような統計量で検出すればよい.

$$\chi^2(i;i') = \frac{1}{2}\sum_{l=1}^{b-1}\frac{bl}{b-l}\left\{\left(\frac{y_{i1}+\cdots+y_{il}}{l}-\bar{y}_{i\cdot}\right)-\left(\frac{y_{i'1}+\cdots+y_{i'l}}{l}-\bar{y}_{i'\cdot}\right)\right\}^2 \quad (10.1)$$

ただし,$y_{ij}, y_{i'j}$は被験者i, i'の第j時期のコレステロール量測定値である.ここでbは測定時期数で,この例では6に等しい.つまり,式(10.1)は$l=1,\cdots,5$について被験者i, i'の第l時期までの累積和の変化量の差を規準化し,二乗した統計量を足し込んでいる.

第9章では順序分類データ,本章では正規分布に従う変数を対象としているため規準化の仕方は異なるが,式(9.1)と式(10.1)はまったく同種の統計量である.この式も被験者i, i'の系統的推移パターンの差を表すχ^2統計量として構成されているので,χ^2距離と呼ぶことにする.χ^2距離小は類似,大は上昇・下降の差が大きいことを示す.

解析の筋書き

この解析の位置づけを整理しておこう.本来の問題は被験薬とプラセ

ボの効果を1箇月ごと6期のコレステロール量測定値に基づいて比べることである．6期のデータは単なる繰返しではなく，この間の上下推移変動に興味がある．つまり，時期は一つの因子であり，要因分析の対象である．

そこで，被験者を繰返しとして，薬剤対時期の交互作用解析の問題と考えられるが，この種の問題で被験者は均一な繰返しとは考えられないことが問題を難しくする．たとえば図7のプロットで，被験薬とプラセボそれぞれで被験者が一定の傾向を示しながらばらついていればよいのだが，実際は被験薬に鈍感な者もいれば，被験者23のようにプラセボによく反応してしまう者(レスポンダー)もいる．薬剤の効果はそのレスポンダーの多少に現れると考えるのが自然である．

そこで23人の被験者をレスポンスの違いで群分けした後，薬剤によるレスポンダーの多少を比較することが考えられる．そのためにまず被験者23水準，時期6水準の2元表データとして交互作用解析を行う．ただし総括的検定は意味がないので，行単位の多重比較を行おうというわけである．被験者が一様で差がないという帰無仮説(第1章の加法モデル(1.3))の下では，図7のプロットは誤差の範囲ですべて平行になる．そうではなく，どんな推移パターンが抽出されるのか興味津々である．

ここで2元表解析として注意すべきことは完全無作為化によるデータではなく，経時的なデータであることである．ただし，幸いなことに測定が1箇月おきなので系列相関は考えなくてよい．その替わり平均の時間軸に沿った系統的変動に注目しようというのが筋書きである．

つまり最初に行うのは2元配置 (23×6) 交互作用解析であるが，それを総括的検定ではなく，行単位の多重比較として行う．また交互作用効果として単なる帰無仮説の否定ではなく，時期に応じた上昇，下降，平坦といった系統的変化を想定した指向性検定を行おうというわけである．

表 26 被験者間の χ^2 距離

列	23	3	1	9	10	6	12	13	14	15	16	17	20	21	22	5	2	19	7	18	4	11	8
23	0	0.7	1.0	0.9	1.2	1.5	2.0	4.4	2.1	2.1	3.7	3.6	2.9	4.9	4.6	4.8	4.3	5.9	7.0	7.7	8.8	11.7	16.7
3		0	1.0	1.1	1.8	1.7	1.8	5.1	2.7	2.1	3.2	3.0	3.1	4.6	4.8	3.4	5.5	5.7	6.6	7.4	8.5	11.5	18.4
1			0	0.03	0.3	0.4	0.5	2.5	1.0	0.8	1.6	1.7	1.3	1.8	2.3	2.6	3.0	3.5	3.9	4.2	6.0	8.1	12.7
9				0	0.4	0.3	0.07	2.2	0.7	0.6	1.4	1.5	1.0	1.7	2.0	2.5	2.6	3.2	3.6	3.8	5.6	7.6	11.9
10					0	1.1	0.4	3.3	1.6	1.7	2.8	3.2	2.2	2.6	3.5	4.7	3.6	5.0	5.4	5.6	8.1	10.1	13.7
6						0	1.4	1.3	0.3	0.3	0.8	0.7	0.5	1.1	1.0	1.7	1.9	2.1	2.2	2.6	3.7	5.5	9.7
12							0	1.3	0.5	0.4	0.6	0.4	0.5	0.9	1.0	1.3	2.2	1.9	1.9	2.2	3.4	5.2	9.7
13								0	0.4	0.8	0.7	1.0	0.4	1.4	0.5	2.2	0.3	0.5	0.8	1.0	1.5	4.3	2.3
14									0	0.1	0.5	0.7	0.1	1.2	0.6	1.7	0.7	1.1	1.5	1.8	2.7	4.0	7.1
15										0	0.3	0.5	0.1	1.2	0.7	1.1	1.1	1.1	1.5	1.9	2.7	4.1	8.0
16											0	0.2	0.2	0.8	0.5	0.6	1.3	0.5	0.7	1.0	1.6	2.8	6.8
17												0	0.4	1.0	0.5	0.4	1.8	0.8	0.8	1.2	1.5	3.0	7.6
20													0	0.9	0.3	1.2	0.7	0.7	1.0	1.2	2.0	3.1	6.4
21														0	0.7	1.7	2.5	1.8	1.1	0.9	2.8	3.6	7.0
22															0	1.2	1.1	0.7	0.4	0.5	1.2	2.0	5.0
5																0	3.2	1.3	1.2	1.7	1.8	3.2	9.1
2																	0	0.9	1.6	1.9	2.3	3.0	4.4
19																		0	0.4	0.7	0.6	1.3	4.3
7																			0	0.09	0.4	0.8	3.8
18																				0	0.7	0.9	3.5
4																					0	0.4	3.5
11																						0	2.0
8																							0

表 25 の解釈

　式(10.1)の χ^2 距離を表 25 のデータに適用した結果は**表 26** のようになる．ただし，χ^2 距離の大きさによってパターン分類を行い，類似な者は近く，差異の大きな者は遠くに配置されるようにしている．

　この表 26 は第 9 章の表 23 に対応している．詳細は略すが，χ^2 距離に基づく検定により，表 26 に仕切りで示したような 3 群への分類が有意となる．対角にあるブロック内は距離が小さく，そこから外れると距離が大きくなっているのがはっきり見てとれる．つまり，各群内は推移パターンの類似する均一な集合となっている．

　この 3 群を群別にプロットしたのが**図 8** であり，明らかに群 1 が改善，

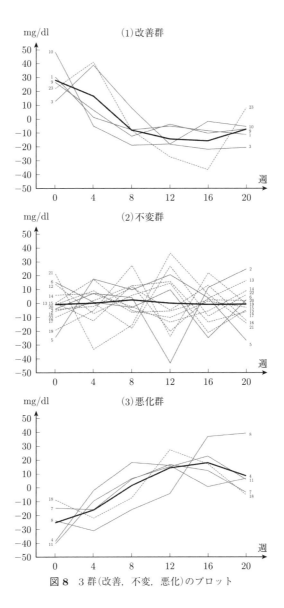

図 8　3 群(改善, 不変, 悪化)のプロット

表 27 被験薬およびプラセボの改善度分布

薬剤	群		
	G_1: 改善	G_2: 不変	G_3: 悪化
被験薬	4	4	4
プラセボ	1	9	1

群2が不変,そして群3が悪化群である.各群の平均プロファイルは太線で示してある.なお,図7で太線で表した点線(改善),実線(不変),一点鎖線(悪化)は,これらの平均プロファイルを示したものである.一方,図8の実線と点線はそれぞれ被験薬群とプラセボ群の区別を表している.

この結果,従来の方法では検出されなかった改善,不変,悪化の差が見事に抽出できるようになった.また,パターンを分類して見せるだけでなく,分類の有意性の確度を理論的に与えることができる.かつて,推移パターンをグラフに表し,目の子で似通ったパターンをグルーピングしようとする医師の試みがあったそうだが,100人もの患者のパターンを見比べるのでは,どちらへ分けるか境界線近くのパターンの判別が難しく,また,そもそも何種類のパターンがあるかも未知のため,結局失敗に終わったそうである.ここで用いた方法では何分類が妥当かの指標も与えることができる.

なお,抽出した推移パターンは,指向性検定を用いた結果,症状の改善,不変,悪化に対応し,まさに医師が日常行っている判定を科学的に行っていることに相当する.

最後に被験薬とプラセボの改善度分布を表27に示す.プラセボが不変群に集中しているのは大変合理的である.一方,この被験薬は奇妙なことに改善,悪化,不変に均等に分布し,改善の期待できる患者が科学的に同定できない限り認可に値しないであろう.

この両者の分布の違いは,改めて図7を眺めると納得されると思う.医師はおそらく経験的に薬剤の効果を表27のような形で把握している

表 28 コレステロール低下剤メバロチンのデータ

(1) パターン分類の結果

群	時期(月)					改善度
	1	2	3	4	5	
G_1	402.3	292.0	250.3	257.7	289.3	超高度に改善
G_2	296.6	252.2	241.6	231.5	226.3	高度に改善
G_3	278.4	227.8	224.7	228.1	239.6	改 善
G_4	260.1	252.2	256.1	253.6	241.9	やや改善
G_5	263.4	248.7	256.4	268.9	274.9	不変またはわずかに悪化

(2) メバロチンおよび対照薬の改善度分布

薬 剤	改善度群					合 計
	G_1	G_2	G_3	G_4	G_5	
メバロチン	3	28	35	14	9	89
対照薬	0	6	11	33	28	78

のではないかと思われる．

なお，この例ではプラセボは不変に集中し，被験薬は改善，悪化，不変に均等に分布し相殺するので，両薬剤群の平均プロファイルは似通っている．したがって，平均ベクトルを比べる古典的な多変量解析では，両群に差は認められないという結論にしかならない．実際は平均のまわりのばらつき方に違いがあったのである．

メバロチンⅢ相試験

もう一つの実例として三共(株)のヒット薬メバロチンの治験データの一部を紹介する．症例数が 167 と多いので，生データは省略し，パターン分類の結果の群平均を**表 28**(1)に与える．治験期間は 5 箇月である．

この治験では対照薬も定評のある実薬であったため，極端な悪化群は認められず，「超高度に改善」から「不変またはわずかに悪化」までの 5 群

に分類されている．表 28(2) は表 27 に対応し，2 薬剤の改善度分布を表している．今度はメバロチンが明らかに高改善度側にシフトしているのが見てとれる．もちろん，適切な指向性検定を適用すれば，この差は高度に有意という結果になる．

11. 血圧日内リズムのパターン分類

　コレステロール量変化プロファイル解析の論文を見た慶応義塾大学医学部の老年医学の教授から，収縮期血圧を30分ごとに24時間測定した203名分のデータを持ち込まれた．歴史的には，1978年に血圧に日内リズムがあって，夜間適度に低下し，日中上昇することが報告されていた．その後，自律神経失調者はその逆パターンを示すこと，また，日内リズムの失調した高齢者で，ある種の脳血管疾患のリスクが高いことも報告された．これらの異常パターンを示す患者を，経時測定データ解析によって同定することは真に興味ある問題である．

血圧日内リズム

　夜間低下するパターンはその形からひしゃくになぞらえてDipperと呼ばれ，平坦はNon-dipper，上昇はInverted dipperなどと呼ばれている．このような背景から，コレステロール量変化プロファイルを分類したように，血圧24時間値も分類できないかという相談であった．
　折しも朝日新聞（2003年5月12日付）などで，'血圧1日の変動を知り，健康を管理'との記事が掲載され，早朝高血圧が脳梗塞や心筋梗塞のリスクを高めると報じられた．この頃から高血圧治療において単なる降圧治療ではなく，24時間プロファイルを適正にコントロールすることが目標とされるようになった．
　今回のデータは被験者対時期のコレステロール量データと類似してい

るが，決定的に違う点が二つある．第一は，コレステロール量変化では上昇・下降のような単調パターンの検出に興味があったが，血圧24時間値は24時間後にほぼ初期値に戻るという周期性があり，前回の統計量は使えない．そこで一計を案じ，測定開始を15時とすると，プロットの中央が真夜中になる．つまりこのプロットで，下にへこむ凹型が正常，上に凸型を示すのが異常ということになる．これで今回基礎に置く統計量の特性が明確になった．

第二の差異は，コレステロールは1箇月ごとの測定なので，測定誤差間に相関はなく独立性が仮定できた．今回のデータ間隔は30分であり，独立性の検定では明らかに誤差に系列相関の存在が示唆された．そこで前処理として，4点飛ばしで4点の平均を取ることによりほぼ独立系列とすることができた．

もともと48点あったデータはこの操作で6点となるが，今興味のある凹凸パターンの情報は失われない．むしろ，相続く4点を平均することは，血圧特有の短期的な変動を平滑化する効果がある．

203例のデータ解析

今回も203症例すべてのデータを表にするのはスペースを取り過ぎるので，とりあえず6点のデータとして，平均が0になるように調整してプロットしてみたのが図9である．しかし，残念ながらこれでは黒い一本の帯にしか見えない．そこで，第10章のχ^2距離に換えて凹凸を感度よく判別する新たなχ^2距離を定義する．

ところで，数学的特性として単調性は差分がすべて正であると定義される．相続く2個のデータの差が常に正なら，全体として上昇傾向が続いていることは明白だろう．一方，凹性（下に凸）は2階差分がすべて正と定義される．相続く2個の差分を取り，さらにその差分を取った2階差分が常に正なら勾配が常に増え続け，下に凸型を示すことになるからであ

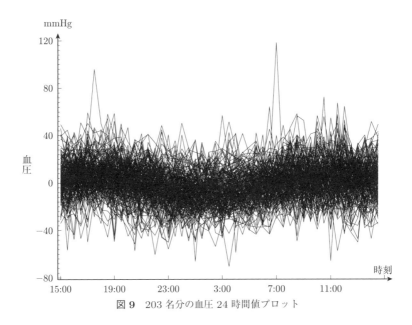

図 9 203 名分の血圧 24 時間値プロット

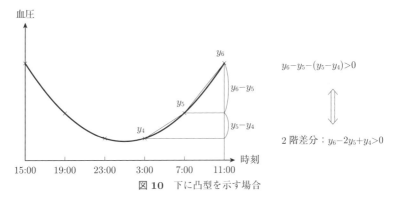

図 10 下に凸型を示す場合

る(図 10).

　直観的には,単調性検定のための統計量は差分をもとに,凹性のための検定統計量は 2 階差分をもとに構成すればよいように思える.実際,そ

表 29　203 名の 5 分類平均血圧推移

群	時刻						人数	特徴
	15:00	19:00	23:00	3:00	7:00	11:00		
1	173	152	119	122	136	160	6	Highly convex
2	158	145	129	128	145	155	39	Convex
3	141	134	125	129	136	141	74	Slightly convex
4	137	137	133	133	141	134	60	Flat
5	134	139	144	148	145	126	24	Concave

の方向で研究を進めた人たちもいる．ところが面白いことに，実際はそれらを反転した累積和が単調性をよく判別し，2重累積和が凹凸をよく判別する．第8章，9章，10章で上昇・下降のトレンドを検出するのに累積和をもとにしたのはそのためである．差分や2階差分はむしろ系統的変動を除去し，短期的な変動を強調する統計量を作ってしまう．

　さて，今回は凹凸に興味があるので，累積和をさらに足しこんだ2重累積和，

$$S_k = y_1+(y_1+y_2)+(y_1+y_2+\cdots+y_k)$$
$$= k\times y_1+(k-1)\times y_2+\cdots+1\times y_k$$

の出番となる．χ^2 距離が S_k に基づいて構成され，したがって，その分布論が変わってくること以外の手順は第10章と同じで，**表29** に示すような5分類が得られた．これら5群について血圧推移をプロットすると**図11**のようになる．

　この結果，1本の黒い帯にしか見えなかった203名の24時間値プロットが，きれいに五つのパターンに分類された．医学的に，夜間血圧値が10〜20％低下するのを Dipper，それを超える低下を Extreme dipper，10％未満を Non-dipper，そして夜間上昇を Inverted dipper と呼んでいる．今回の数学的分類では Convex が Dipper，Highly convex が Extreme dipper，Flat が Non-dipper，そして Concave が Inverted dipper によく

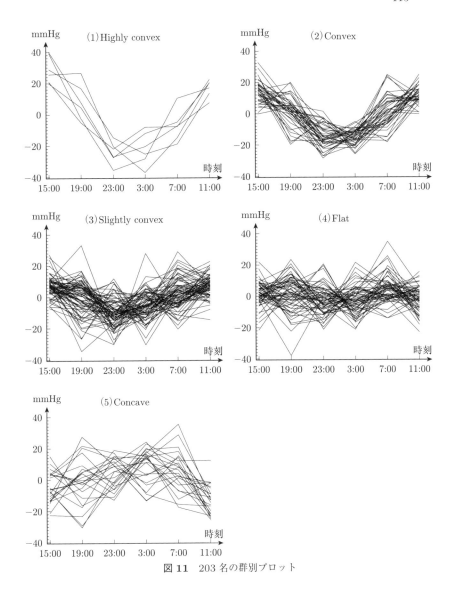

図 11 203 名の群別プロット

対応している．Slightly convex は Dipper と Non-dipper の境目のグループを分離しているように見える．これらのうち Convex は正常，Flat と Concave は異常，Highly convex と Slightly convex は要注意というところだろうか．さらに，図 11 を見て感じられることは，血圧値が滑らかに推移している人にまじって，かなり不規則な変動を示す人がいるということである．個々の患者に対しては推移パターンだけでなく，推移の不規則性にも注意を払う必要がありそうである．さらに血圧は正常者でもこれだけ変動があるのだから，正常収縮期血圧の規準 130 mmHg についても，もう少し正確に定義してもらう必要がある．

なお，第 10 章と 11 章は手法としては同じように経時測定データのパターン分類を行っている．実質科学的に前者は上昇，下降トレンドに，後者は凹凸パターンに興味があるが，指向性統計量の工夫により見事にその特徴に沿ったパターンが抽出されている．

分割表も含めて，広い意味での交互作用解析はデータ解析の中心的話題であるにも拘わらず，通常の数理統計学のテキストでは通り一遍の総括的 F 検定にしか触れられていないのは甚だ残念である．ましてこの 2 例は，セルに繰返しのない 2 元配置に相当するので，その F 検定すら適用できない．通常のテキストでは，繰返しのない 2 元配置の場合，交互作用解析は不可能と論じられているがそれは正しくない．できないのは F 検定であって，適切な多重比較法によって有意な交互作用を検出できることはこの 2 章で示した通りである．なお，1 元配置における多重比較法が古くから詳細に論じられているのに対し，2 元表における交互作用の多重比較法が類書にほとんど見られないのも不思議である．

12. 副作用情報収集と時系列変化点解析

　第 8 章で市販後に副作用情報を収集することの必要性について述べた．実際，医薬品機構には全国の医療機関から日々副作用報告が寄せられ，必要に応じて世の中に警告が発せられている．その膨大なデータの統計解析は大事な仕事であるが，この章では筆者の関わった二つの事例を紹介したい．

薬剤と副作用の 2 元表

　第一は，高血圧や高脂血症などの薬剤群ごとに副作用情報を収集した薬剤対副作用の大きな 2 次元分割表を解析し，薬剤と副作用の特徴づけを行うことを目的とする．ここでは実際に行った高血圧薬 244 剤の，国際基準 26 種の副作用による特徴づけの結果を簡単に紹介する．

　244 剤の高血圧薬は，強心剤 42 種，不整脈用剤 41 種，利尿剤 24 種，血圧降下剤 71 種，血管収縮剤 10 種，血管拡張剤 28 種，高脂血症溶剤 28 種に分類される．それぞれ成分，機序が異なるので，副作用にも特徴があるに違いない．副作用にはいろいろなレベルがあるが，ここで採用したのは国際基準として定められている S_01（血液，リンパ系障害），S_02（心臓障害），…，S_026（脈管系障害）の 26 分類である．

　この場合データは 244×26 分割表にまとめられ，第 9 章と同種のデータである．ただしシェークスピアよりさらに大規模なデータとなる．薬剤の副作用プロファイルによる分類も，手法としては第 9 章と同じだが，

表 30 Reporting Odds Ratio

薬剤	副作用	
	注目する副作用	その他の副作用
注目する薬剤	y_{11}	y_{12}
その他の薬剤	y_{21}	y_{22}

列に特別な順序がない場合なので行間の χ^2 距離は通常の適合度 χ^2 の成分で定義する．

たとえば，不整脈用剤は S_02（心臓障害）がとくに多く，S_026（脈管系障害）も多い．この2障害が次に多く現れるのは強心剤である．つまり，不整脈用剤と強心剤は似た傾向を示すが，前者のほうが発生頻度が高い．しかしながら，S_026 が一番多いのは血管収縮剤および拡張剤で，血圧降下剤がそれに続くなどの知見が得られる．

また，利尿剤の副作用は S_014（代謝障害），S_020（腎臓障害・泌尿器障害），S_023（皮膚障害）に特化しており，それは医師の知見に合致する．解析結果はこのように概ね医師の知見と合致し，それをサポートすることが多い．

なお，筆者が関与していた 2010 年頃の時点で医薬品機構が実装していた指標として，ROR (Reporting Odds Ratio) がある．それは**表 30** のような2元表を構成し，ROR=$(y_{11}y_{22})/(y_{12}y_{21})$ で計算される．これは2次元分割表で，独立性の仮説から y_{11} が突出しているのを見出そうという試みといえる．基本的には全体の分割表で見つけようとしている異常と同じであるが，特定の薬剤に対しあらかじめ狙いを定めた既知の副作用についてしか適用できない．

それに対して先に述べたような全体の同時解析では，新たな副作用発見や，個々の解析では見落しがちな総合的知見獲得の可能性がある．また，副作用プロファイルが似ているとしてプールされた薬剤の共通成分を探ることにより，副作用機序の解明や軽減に進める可能性もある．さらに，副

作用発生頻度が小さくそれ自体では医師の注目を引かない薬剤が，副作用プロファイルが似通い，発生頻度の大きな薬剤と同じ群に分類され，検出されることもある．この方法がさらに検討され，実用化の方向に進むことを期待したい．

世界的に見ても，WHOのBCPNN (Bayesian Confidence Propagation Neural Network)，米国FDAのMGPS (Multi-Item Gamma-Poisson Shrinker Program)，英国MHRAのPRR (Proportional Reporting Ratios)，オランダLarebのROR (Reporting Odds Ratio)，豪州TGAのPROFILE (Probability Filtering Method) など，様々な試みが進んでいるが，薬剤特有の副作用を検出しようという基本的アイディアは共通している．

時系列変化点解析

次に，第二の話題である時系列変化点解析についてやや詳しく述べよう．副作用報告の増加傾向をいち早く検出すること，そして警告などのアクション後にそれが下降に転じたことをいち早く確認することが目的である．これについて当時医薬品機構では'発生傾向指数'が実装されていた．それは報告間隔に注目し，副作用報告が頻繁になり間隔が短くなったことを検知しようとするものである．

そこでは，直近4個の報告間隔の平均をXとする．次に，それ以前の全報告間隔の平均をYとする．このとき，'発生傾向指数'$=Y/X$を定義し，それがある閾値を超えたときに警告などの措置を取る．副作用報告が頻繁になるとXが小さくなることに注目した直観的に分かりやすい指標であるが，なぜ直近4個なのか根拠に乏しく，閾値を定める明確な規準もない．また，いったん異常を見逃すとそれは分子を縮小する方向に陥り，以降検知することが難しくなる．さらに，副作用が突発的に増加する場合には対応するが，徐々に漸増する傾向は検知しにくいなどの問題点が

ある.

一方,時系列変化点解析はもともと工場で工程管理の手法として古くから用いられている.たとえば正規分布を仮定できる計量値の場合,一定時間ごとに数個のデータを取り平均をプロットする管理図は,日本のどの工場に行っても必ず見られる.

管理図には $\pm 3\sigma$ を表す管理限界線が引かれ,プロットが限界線を越えたなら直ちに工程を止め修復の措置を取る.また,限界線を越えないまでも,中心線の片側に7点プロットが連続したなら7点連と称し,やはり工程の調査に入る.工程が正常ならそのようなことは頻繁に起こることではなく,平均が上下どちらかにずれた可能性が示唆されるからである.

管理図にはほかに,ばらつきを管理するもの,不良率を管理するものなどがある.これら管理図の活用は直交表と並んで,戦後工業の急速な復興を成し遂げた統計的品質管理の主役の一つである.

副作用変化点検出も問題としては同種であり,類似の考え方が応用できる.それでは具体的に医薬品機構で集積された間質性肺炎に対する,ある配合剤の副作用報告を考えよう.表31は2003年11月から2010年5月まで79箇月間に報告された一月ごとの副作用件数である.

ここで時点 i のデータは y_i と表そう.y_i は発生件数だから正規分布に替えて独立なポアソン分布を仮定する.ポアソン分布は時間軸上で偶発的に発生する単位時間当たりの事象数の確率を記述するのに用いられる離散分布で,次のようなきわめて単純な仮定から導かれる.

(1) 実験期間中,実験条件は一定に保たれる.言い換えると,当該事象の生起する確率は実験中一定である.

(2) 重複しない区間において事象は独立に生起する.

(3) ごく短い区間において事象が重ねて生起する確率は無視できる.

近似的にせよこれらの仮定を満たす事象は多く,1日当たり都内自動車事故件数,工場における年間事故件数,放射性元素から放射された α 粒子の対極への時間当たり到達数,あるいは顕微鏡で見た単位面積当たりの

表 31　ある配合剤の月間副作用報告件数($k=1\sim79$)

k	1	2	3	4	5	6	7	8	9	10	11	12	13	14	15
y_k	1	4	1	1	1	1	3	0	4	1	3	0	2	4	3
k	16	17	18	19	20	21	22	23	24	25	26	27	28	29	**30**
y_k	3	2	4	1	4	1	4	2	1	2	2	1	0	1	**5**
k	31	32	33	34	35	36	37	38	39	40	41	42	43	44	45
y_k	1	4	1	4	2	3	7	3	3	4	1	5	4	5	6
k	46	47	**48**	49	50	51	52	53	54	55	56	57	58	59	60
y_k	2	4	**9**	3	4	1	1	6	3	5	8	1	1	6	3
k	61	62	63	64	65	66	67	68	69	70	71	72	73	74	75
y_k	3	1	2	3	1	3	4	3	3	5	2	2	0	4	4
k	76	77	78	79											
y_k	4	2	2	4											

バクテリア数など，ポアソン分布に従うとみなされる事象は数多く知られている．最後の例のように，平面や空間上で独立に生起する事象でも構わない．正規分布が連続分布の代表なら，ポアソン分布は離散分布の代表といってよい．

この場合も，ある時点からの増加傾向を検出するには，単純に月ごとの変化を見るより，累積和を追うほうが効率のよいことが理論的に示される．直観的には次の説明でどうだろうか．今，ある時点 k から増加傾向が生じたとしよう．この変化を検出するには，変化点以前のデータを全部使ってその平均で正常な状態での発生件数の期待値を推定するのが自然である．一方，変化後についてはやはり総平均で変化後のレベルを推定し，それ以前の平均との差を取るのが自然である．このことは，月ごとのデータより累積和を基礎に考えるほうが自然であることを示唆し，その最適性は理論的にも示されるのである．

結局，累積和はこのような変化点解析と上昇・下降トレンド解析の両方に対応する大変有効な統計量であることが示される．

ところで，この手法を適用するに当たり，変化点 k はもちろん分かっていない．そこで，$Y_k=y_1+\cdots+y_k$ を k 時点までの累積和として，$k=1,\cdots,a-1$ の各時点で

$$t_k = t_k(Y_k) = \left\{\left(\frac{1}{a-k}+\frac{1}{k}\right)\frac{Y_a}{a}\right\}^{-1/2}\left(\frac{Y_a-Y_k}{a-k}-\frac{Y_k}{k}\right),$$
$$k=1,\cdots,a-1 \quad (12.1)$$

を定義し，その最大値を検定統計量とする．ただし，a は時点数で，表 31 の例では 79 である．この式が $k+1$ 時点を変化点としてその前後の平均を比較していることは見てとれるだろう．余分な係数は，変化がないという帰無仮説の下で期待値 0，分散 1 に規準化するためのものである．

もちろんこの有意確率は，ポアソン分布に基づく $a-1$ 個の統計量の最大値として評価しなければならない．その解析プログラムは開発されており，筆者のホームページから入手できる．理論的背景に興味がある場合は Hirotsu (2017) を参照されたい．この例に適用すると第 30 時点が有意な変化点として検出される．第 9 章の式 (9.1) は基本的に式 (12.1) と同じアイディアで構成され，それを 2 行比較に拡張したものとなっている．

ところで，この手法は逐次的に適用される．したがって変化時点以降どこかの時点で検出され，警告などの措置が取られたはずである．そこで次の興味は，適切な措置を施した後，増加が減少に転じたか否かを検証することである．この変化をダウンターンと呼ぶが，形状としては上に凸型を示す．したがって，この検出に適切な統計量は，第 11 章と同じく 2 重累積和をもとに構成される．第 11 章で正規分布を対象に用いられた手法をポアソン系列に書き換えて用いればよい．

結果は第 48 時点で有意なダウンターンが検出される．この最大統計量の解析プログラムも筆者のホームページにすぐ使える形で公開されている．

おわりに

　若い頃ある高名な先輩教授から，「若造の啓蒙書は業績どころか，減点対象である．その暇があるなら研究しなさい」といつも言われていた．それを守り，ずっと啓蒙書には手を染めていなかった．しかし，昨年最後の専門書と思いつつ，専門洋書を出版し，その後しばらくして書きたくなったのが本書である．初めてのこととて加減が難しく，はたして上手く書けたのかどうか分からない．

　しかし，増山元三郎(1969)による '統計学は少数の専門家の専有物であっては意味がない．なるべく多くの人が統計学的物の見方ができることによって，効かないか害のある薬品や，危険な洗剤あるいは農薬は速やかに市場から姿を消すに違いない．こうした化合物の使用法について，元の報告書を見れば怪しい物であることが直ぐに分かり，誰も使わなくなるからである．' という警鐘だけは肝に銘じておきたい．本書が統計科学の普及にいささかでも役立つなら著者望外の幸せである．

　なお，本書の背景にある理論的根拠や具体的な計算方法は今まで様々な形で発表しているが参考文献 4 にまとめている．Analysis of Variance とは，分散分析の英語名であるが，その古典的なイメージよりはるかに広い話題が扱われている．

　サポートプログラムの幾つかは筆者のホームページ (https://corec.meisei-u.ac.jp/labs/hirotsu/) でも提供しているがそれとは別に，第 9 章の '累積 χ^2 とその近似自由度計算' や第 10 章の 'クラスタリングを行うプログラムを R で組んだもの' などはネット上でも公開されているようである．統計科学への認識と同時に，これら手法の活用が深まることを期待したい．

　第 5 章および第 6 章の貴重なデータの掲載を許可していただいた厚生

労働省，および農林水産省の担当者に敬意と謝意を表したい．検討会の結果報告に加えて，もとになったデータを公開することは大変意義のあることである．最後に，草稿に丁寧に目を通し，読みやすくするための様々な助言をいただいた編集部吉田宇一氏に心から感謝したい．

2018 年 10 月

広 津 千 尋

参考文献

1. Fisher, Ronald Aylmer (1960). The design of experiments, 7th ed. Oliver and Boyd.
2. Hirayama, Takeshi (1981). Non-smoking wives of heavy smokers have a higher risk of lung cancer: a study from Japan. *British Medical Journal* 282, 183-185.
3. 広津千尋(1992). 臨床試験データの統計解析. 廣川書店.
4. 広津千尋(2004). 医学・薬学データの統計解析――データの整理から交互作用多重比較まで. 東京大学出版会.
5. Hirotsu, Chihiro (2017). *Advanced Analysis of Variance*. John Wiley & Sons, New York.
6. 増山元三郎(1969). デタラメの世界. 岩波新書.
7. 竹内啓(編)(1989). 統計学辞典. 東洋経済新報社.

索　引

欧字・数字

χ^2 適合度検定　23
χ^2 適合度検定分布論　40
χ^2 分布　25
A/B テスト　14
EBM (Evidence Based Medicine)　91
NS 同等 (Non-significance Equivalence)　85
Pragmatic Trial　91
p 値　27
Rigid Trial　91
t 検定　46
t 統計量　43
t 分布　43
0 トレランス　63
1 元配置　15
1 トレランス　63
2×2 分割表　31
2 元配置　15
2 項分布　32, 63, 64, 87
2 次元分割表　19
2 重累積和　114
2 標本 t 検定　89
凹凸パターン　116

カ 行

加法モデル　13, 29
棄却域　27
危険率　26, 42
規準化　39
規準化統計量　39
期待値　5
期待値計算　37
帰無仮説　21, 44

行の多重比較　94, 104
区間推定　41
経時測定データ　80, 101
検定　44
効果の加法性　13
交互作用　14
コックス回帰　52

サ 行

最大 χ^2　96
最尤推定量　23
時系列変化点解析　117, 119
指向性検定　95
事後層別解析　79
自由度　25, 39
自由度論争　28
順序分類データ尺度合せ　80
上昇・下降トレンド　114, 116
上昇・下降トレンド解析　121
乗法モデル　29
シンプソンのパラドックス　73
信頼下限　42
信頼区間　42
信頼係数　42
信頼上限　42
信頼率　42
正規近似　39
正規分布　2
生存時間解析　52
ゼロトレランス　62
ゼロトレランス問題　57

タ 行

大数の法則　7
対立仮説　23, 45
ダウンターン　122

多項分布　21
多重性問題　79
多重比較　82
多種検定　79
中心極限定理　7
超幾何分布　37
直交配列実験　12, 15
直交秤量実験　10, 11
適合度 χ^2　25, 88
適合度 χ^2 の分布　25
データの平均　5
点推定　41
同等以上　89
独立性からの乖離　98, 99
独立性の帰無仮説　23, 32

ハ 行

場合の数　21, 33, 35
パターン分類　111
ビッグデータ　47
標準正規分布　2, 41
標準偏差　2, 5, 38
平山論文　67, 68
非劣性　89
非劣性(同等性)検証　84
非劣性マージン　89

フィッシャーの実験計画法3原則　7
副作用情報収集　117
不偏推定量　11, 43
不偏分散　43
プラセボ対照　78
分散　2, 37, 86
分散分析　16
分布の平均　5
平均　2, 37, 86
偏差値　2
ポアソン分布　120

マ・ヤ 行

マンテル–ヘンツェル法　71
有意確率　27
有意水準　26, 42
優越性　89

ラ 行

ランダム割り付け　77
リスクセット　52
累積 χ^2　96, 98, 99
累積法　98
累積和　82, 83, 95, 104, 114, 121
連関分析　29

広津千尋

1939 年東京に生まれる．
1968 年東京大学工学系研究科博士課程修了，工学博士．
同年東京工業大学助手．
1971 年東京大学講師，助教授，教授を経て 2000 年東京大学名誉教授．
同年明星大学教授を経て，2010 年から同大学連携研究センター所属．

実例で学ぶデータ科学推論の基礎
2018 年 11 月 7 日　第 1 刷発行

著　者　広津千尋
発行者　岡本　厚
発行所　株式会社　岩波書店
　　　　〒101-8002　東京都千代田区一ツ橋 2-5-5
　　　　電話案内　03-5210-4000
　　　　http://www.iwanami.co.jp/
印刷・製本　法令印刷

© Chihiro Hirotsu 2018
ISBN 978-4-00-005704-2　　Printed in Japan

〈電子版〉統計科学のフロンティア（全12巻）

甘利俊一，竹内啓，竹村彰通，伊庭幸人＝編

　統計学を理論の中心とする学問は，進化し続けている．金融，データマイニング，バイオインフォマティクス，脳の情報理論をはじめとして，工学，経済学，医学，心理学などの分野の応用に新展開が見られる．また，ニューラルネット理論や統計物理学など隣接分野で開発された考え方や手法を取り入れ，対象領域をさらに拡大しつつある．このように新しい情報の科学を生み出しつつある領域全体を「統計科学」とよび，その成果と方向を示す．

〈全巻の構成〉

統計理論を学ぶために……

1. 統計学の基礎 I ——線形モデルからの出発
　　竹村彰通／谷口正信
2. 統計学の基礎 II ——統計学の基礎概念を見直す
　　竹内啓／広津千尋／公文雅之／甘利俊一

新しい概念と手法をめざして……

3. モデル選択——予測・検定・推定の交差点
　　下平英寿／伊藤秀一／久保川達也／竹内啓
4. 階層ベイズモデルとその周辺——時系列・画像・認知への応用
　　石黒真木夫／松本隆／乾敏郎／田邉國士
5. 多変量解析の展開——隠れた構造と因果を推理する
　　甘利俊一／狩野裕／佐藤俊哉／松山裕／竹内啓／石黒真木夫
6. パターン認識と学習の統計学——新しい概念と手法
　　麻生英樹／津田宏治／村田昇
7. 特異モデルの統計学——未解決問題への新しい視点
　　福水健次・栗木哲／竹内啓／赤平昌文

対象から方法へ……

8. 経済時系列の統計——その数理的基礎
　　刈屋武昭／矢島美寛／田中勝人／竹内啓
9. 生物配列の統計——核酸・タンパクから情報を読む
　　岸野洋久／浅井潔
10. 言語と心理の統計——ことばと行動の確率モデルによる分析
　　金明哲・村上征勝／永田昌明／大津起夫／山西健司

新しい計算手法と統計学……

11. 計算統計 I ——確率計算の新しい手法
　　汪金芳・田栗正章／手塚集／樺島祥介／上田修功
12. 計算統計 II ——マルコフ連鎖モンテカルロ法とその周辺
　　伊庭幸人／種村正美／大森裕浩／和合肇／佐藤整尚・高橋明彦

———岩波書店刊———

定価は表示価格に消費税が加算されます
2018年11月現在